우리 곁의 도시숲

우리 곁의 도시숲

손영혜 글 | 맹하나 그림

차례

01

도시 속 자연의 발견

뜨거운 열기가 가득한 빌딩 숲 사이,
문득 불어온 바람에 길가의 나무들이 흔들립니다.
순간, 답답하던 공기가 맑아지며 숨통이 트이는 것 같죠.

숲은 멀리 산속에만 있는 게 아닙니다.
회색빛 도시에도 숲은 존재해요.
삭막한 도시에 초록의 숨을 불어 넣는 공간, 도시숲.

그 빽빽하고도 낯선 세계로 들어가 볼까요?

1. 낯설고도 익숙한 도시숲

🌲🌲🌲 도시숲이라는 세계

'도시숲'이라는 말 혹시 들어 본 적 있나요? 빌딩 숲이라는 말은 들어 봤어도, 도시숲은 낯선 사람이 많을 거예요. 도시숲은 우리가 살아가는 도시 안에서 만날 수 있는 산림 및 수목을 말해요.

숲은 저 깊은 산속에만 존재한다고 생각하겠지만, 도시숲은 달라요. 매일 아침 등교할 때 보는 가로수, 학교 운동장 옆에 심긴 나무들, 야트막한 뒷산, 아파트 단지나 버려진 공터에 자라난 풀 등 도시 안 녹색 공간은 모두 도시숲이라 불러요.

고작해야 나무 몇 그루, 풀 몇 포기인데, 숲이라고 부르기는 좀 거창한 것 같다고요? 하지만 이 초록 공간이 가져오는 효과는 생각보다 엄청나요. 도시숲은 도시 속 공기를 정화하고, 여름철 도시의 온도를 낮추며, 메마른 도시 속에 다양한 생명이 살아갈 공간을 마련해 줘요.

뜨거운 여름날, 길 위에서 나무 한 그루가 만들어 주는 그늘만큼 반가운 존재는 없을 거예요. 도시숲은 우리에게 잠시 머물러 숨을 고를 수 있는 쉼터가 되어 주지요.

🌲 도시숲의 분류

사실 법적으로 도시의 초록 공간이 모두 '도시숲'인 건 아니에요. 2024년 개정된 「도시숲 등의 조성 및 관리에 관한 법률」(약칭: 도시숲 법)을 보면 목적과 관리 방식에 따라 도시숲, 공원, 정원으로 나뉘죠. 아파트 옆 공원은 공원법, 식물원 같은 정원은 정원법을 따르는 식이에요. 하지만 우리에게 맑은 공기와 쉼터를 주는 역할은 모두 같잖아요? 그래서 실생활과 연구에선 통틀어 '도시숲'이라 불러요. 이 책에서도 초록 공간을 '도시숲'이라 부를게요.

다음 표는 법률상 구분되는 도시숲의 특징을 정리한 표예요.

'도시숲 법'에 따른 도시숲의 분류

구분	정의	특징	사례
도시숲	도시 지역에서 국민의 보건·휴양 증진, 정서 함양 및 체험 학습 등을 위하여 조성·관리하는 숲	• 다양한 수목이 자연스럽게 생기고 자라는 숲의 형태를 유지 • 도시민에게 휴식 공간 및 자연 체험 기회 제공 • 기후 변화 완화, 대기질 개선 등 생태적 기능 중시	• 도시 근교의 자연림 (예: 서울의 매봉산) • 학교 숲, 공공 기관 내 숲, 가로수 등
정원	「수목원·정원의 조성 및 진흥에 관한 법률」에 따라 조성된 정원	• 정원사의 의도에 따라 식물, 시설물 등을 배치하여 아름다움을 추구 • 개인의 취미, 휴식, 감상 등 다양한 목적으로 조성 • 역사, 문화, 예술 등 다양한 요소를 반영	• 개인이 주택에 조성한 정원 • 수목원 내 테마 정원 (예: 한국 정원, 허브 정원) • 공공 정원 (예: 순천만 국가 정원, 태화강 국가 정원)
공원	「도시공원 및 녹지 등에 관한 법률」에 따라 지정된 공원	• 도시민의 건전한 여가 생활 및 정서 함양을 위해 조성 • 다양한 활동을 위한 시설(운동 시설, 놀이터 등)을 갖춤 • 도시 계획에 따라 지정 및 관리	• 근린공원(주거지 인근 소규모 공원) • 어린이 공원, 역사 공원, 체육공원, 묘지공원 등

2. 우리에게 도시숲이 필요한 이유

 도시숲이 없는 도시

초록빛이 하나도 보이지 않는 메마른 길거리, 회색 먼지에 둘러싸인 빌딩 사이로 마스크를 쓴 사람들이 걸어 다니는 모습…. 디스토피아[1] 세계관에 등장하는 미래 도시의 모습이죠. 멀게만 느껴진다고요? 하지만 우리가 사는 도시에 나무가 없다면, 디스토피아 속 황량한 미래 도시도 그리 먼 이야기가 아닐지 몰라요. 우리도 모르는 사이, 도시숲은 조용히 우리 삶을 지켜 주는 든든한 수호

---

1 '유토피아'의 반대되는 개념. 현대 사회의 부정적인 측면을 극단화한 암울한 미래상.

자 역할을 하고 있어요. 그렇다면 우리 곁의 도시숲은 어떻게 사람들의 삶을 지켜 줄까요?

공기를 깨끗하게!

나무는 공기를 정화하는 자연의 공기청정기예요. 공기 중 이산화탄소를 흡수하고, 산소를 내뿜거든요. 나무 한 그루는 일반적으로 1년에 약 10~20kg의 이산화탄소를 흡수한다고 해요. 나뭇잎은 대기 중 먼지를 붙잡아, 도시의 미세먼지를 줄여 줘요. 실제로 도시숲이 있는 지역은 초미세먼지 농도가 도시 중심부와 비교했을 때 약 40%나 낮아진다는 연구 결과도 있답니다.

도시의 온도를 낮추다

여름철, 도시가 다른 장소보다 유난히 덥게 느껴질 때가 있죠? 아스팔트와 콘크리트가 열을 흡수하고 다시 방출하면서 도시 온도가 상승하는 현상이에요. 이를 '열섬 현상'이라고 해요. 도시숲은 이 열섬 현상을 완화하는 데 큰 도움을 줘요. 산림청의 발표에 따르면, 같은 도심이라도 도시숲이 있는 곳은 온도가 약 3~7℃ 낮다고 해요. 나무 그늘은 뜨거운 햇빛을 막아 주고, 잎은 수분이 증발하는 '증산 작용'을 통해 공기를 시원하게 만들어 주죠.

물을 관리하다

최근 몇 년 사이, 비가 많이 내려 도시가 물에 잠기는 일이 잦아졌어요. 아스팔트나 콘크리트 같은 불투수면[2]이 많아, 빗물이 땅으로 스며들지 못해 홍수가 발생하는 거예요. 하지만 도시숲은 빗물을 땅으로 흡수해 홍수를 막아 줘요. 땅속으로 스며든 빗물은 자연스럽게 정화되어 깨끗한 물이 되죠.

생물 다양성을 품다

숲에는 새와 곤충, 작은 동물들이 함께 살아가요. 이렇게 다양한 생물이 이루는 생태계를 포괄하는 말을 '생물 다양성'이라고 해요. 생물 다양성은 자연이 얼마나 건강한지 보여 주는 중요한 지표라고 할 수 있어요. 도시숲은 다양한 동식물에게 서식지 및 생태 통로를 제공함으로써, 생물 다양성을 지켜 주는 역할을 한답니다.

---

2   도로, 보도, 주차장 등 물이 땅속으로 침투하지 못하는 공간.

스트레스를 날려 주는 힐링 장소

학교나 학원에서 지친 하루를 보낸 뒤, 나무가 가득한 공원에서 산책해 본 적 있나요? 숲에서 들려오는 새소리와 바람 소리, 그리고 나무 사이로 비치는 햇살은 우리의 스트레스를 날려 줘요. 여러 연구에 따르면, 도시숲을 가까이 두고 사는 사람들은 그렇지 않은 사람들보다 행복하고 건강하다고 해요.

모두를 위한 쉼터

도시숲은 특별한 사람들만 이용하는 곳이 아니에요. 누구나 와서 쉴 수 있는 공공장소죠. 아이들은 자유롭게 뛰놀며 자연과 가까워지고, 어른들은 바쁜 일상에서 잠시 벗어나 마음의 여유를 찾을 수 있어요. 때로는 가족과 함께 소풍을 하거나, 혼자 조용히 산책하며 사색을 즐길 수도 있죠.

더 알아보기

• 머리를 맑게 하는 도시숲의 과학

미국 스탠퍼드 대학의 그레고리 브래트먼 교수 연구팀은 실험 참가자들을 두 그룹으로 나눠, 한 그룹은 90분 동안 자연 속을 걷게 하고, 다른 그룹은 도로를 걷게 했어요. 놀랍게도 자연 속을 걸었던 그룹은 부정적인 생각을 반복하는 '반추 사고'가 현저히 줄었고, 스트레스와 관련된 뇌의 특정 부위(전전두엽 피질) 활동도 감소했어요. 이게 바로 심리학에서 말하는 '주의 회복 이론(Attention Restoration Theory)'의 힘이에요. 도시의 인공적인 자극은 우리 뇌를 피곤하게 만들지만, 숲의 나뭇잎 사이로 쏟아지는 햇살, 이름 모를 새의 지저귐, 흙냄새는 자연스럽게 우리의 주의를 끌죠. 덕분에 스트레스 호르몬인 코르

티솔 수치는 뚝 떨어지고, 마음은 평온해진답니다. 국립 산림과학원의 연구에 따르면, 단 15분만 숲길을 걸어도 긴장, 우울, 분노 같은 부정적 감정이 줄어들고 활력이 증가한다고 해요.

· 숲이 우리 몸을 지키는 방법

나무들은 미세먼지를 잡아먹어요. 나뭇잎 표면이 미세먼지를 흡착하고, 광합성을 통해 신선한 산소를 뿜어내죠.

나무가 내뿜는 피톤치드[3]라는 천연 항균 물질, 들어봤죠? 일본 의과 대학의 리칭 박사팀은 '삼림욕'의 효과를 연구하면서, 피톤치드가 우리 몸의 면역 세포, 특히 암세포나 바이러스 감염 세포를 공격하는 '자연 살해 세포(Natural Killer Cell, NK 세포)'의 수와 활동성을 많이 증가시킨다는 사실을 밝혀냈어요. 핀란드에서는 의사들이 가벼운 우울증이나 스트레스 환자에게 약 대신 '숲 활동'을 처방하기도 한대요.

---

3   식물이 내뿜는 살균성을 지닌 물질로, 주위의 미생물 따위를 죽이는 작용을 한다.

02

도시
숲의
탄생

도시숲은 언제 태어났을까요?
숲에게도 저마다의 이야기가 있어요.

어떤 숲은 오랜 세월 자연스레 남아 이어져 왔고,
어떤 숲은 사람들의 손길 속에서 새롭게 태어났어요.

도시숲이 어떻게 생겨나고 자라났는지
그 이야기를 들어 볼까요?

1. 인간의 손길이 닿지 않은 숲

🌲🌲🌲 시간이 만든 숲, 자연림

'자연림' 혹은 '천연림'은 오랜 세월 자연의 힘으로 형성된 숲이에요. 인간이 씨앗을 뿌리거나 묘목을 심지 않고, 바람이나 새가 옮긴 씨앗이 수십, 수백 년 동안 자라며 자연스레 생겨난 숲이죠. 자연림에서는 천년의 세월을 견딘 아름드리 고목들도 심심치 않게 만나 볼 수 있어요. 자연림의 시간은 인간의 시간과는 다르게 흐르거든요.

지구의 허파라고 불리는 아마존 열대 우림처럼, 세계 곳곳의 자연림은 아주 오랜 세월 동안 자연의 모습을 그대로 유지해 왔어요. 우리나라에도 500년이 넘게 보존된 숲이 있어요. 바로 경기도 포천에 있는 광릉숲이에요. 광

광릉숲의 모습

릉숲은 조선 세조 때부터 엄격하게 관리된 숲으로, 그 중
요성을 인정받아 2010년에 유네스코 생물권 보전 지역
으로 등재되었어요.

🌲🌲🌲 살아 있는 생명의 무대

자연림에 들어서면 키 큰 나무들이 하늘을 가리고,
그 아래로 관목, 풀, 이끼, 버섯 등 수많은 종류의 식물들
이 빽빽하게 층을 이루고 있어요. 마치 거대한 녹색 빌딩
숲 같죠. 땅 위에서 낙엽과 쓰러진 나무들이 썩어 가며

새로운 영양분을 공급하면, 땅속에서는 미생물과 곰팡이가 분주히 움직이며 영양분을 돌려줘요.

자연림은 다양한 생물이 얽혀 살아가는 생태계의 보고예요. 쓰러진 나무가 딱정벌레의 집이 되고, 그 곤충을 새가 먹고, 새가 옮긴 씨앗이 다시 자라나는 순환이 이어지죠. 생태계가 이렇게 복잡하게 연결된 덕분에 자연림은 환경 변화나 해충에도 강한 회복력을 보여요. 식물 한 종이 사라져도, 다른 종들이 그 역할을 대신하며 생태계가 무너지지 않도록 지탱해 주거든요.

2. 인간의 계획으로 태어난 숲

🌲🌲🌲 인간이 만든 숲, 인공림

자, 이제 다른 숲으로 가 볼까요? 이곳의 나무들은 대부분 사람들이 직접 심었어요. 그래서 나무들의 나이가 대부분 비슷하고, 일정한 간격으로 자라요. 이렇듯 목재 생산, 도시 미관, 사막화 방지, 토사 유출 방지 등 특정한 목적에 따라 인위적으로 만든 숲을 '인공림'이라고 해요.

인간의 의도와 계획에 따라 관리되다 보니, 자연림에 비해 생태계는 단순해요. 그래서 병충해나 변화에 적응하는 힘은 약한 편이에요. 나무 한 그루에 병이 생기면, 숲 전체가 위험해질 수도 있어요.

🌲🌲 유네스코 세계 기록 유산에 등재된 '치산녹화'

하지만 인공림을 만만하게 봐서는 안 돼요. 오늘날 우리나라의 울창한 산림을 만든 건 인공림 덕분이거든요. 우리나라 산림은 불과 60년 전만 해도 거의 민둥산이었어요. 전쟁과 벌목으로 황폐해진 산에 비가 조금만 내려도 산사태가 나고, 흙탕물이 강으로 흘러갔죠. 추운 겨울이면 땔감조차 부족했어요.

이때 시작된 운동이 '치산녹화'예요. 정부와 국민이 전국에 소나무, 아카시아, 편백 같은 나무들을 수억 그루 심었어요. 산림에 대한 사무를 관장하는 '산림청'이라는 조직이 처음 생겨났고, 나무 심기 운동이 전국적으로 확산되었어요.

이 운동으로 몇십 년 만에 산들은 푸르게 변했고, 산사태와 홍수 피해가 줄었으며, 공기도 맑아졌어요. 오늘날 우리가 보는 푸른 산은 인간의 의지와 노력으로 만든, 세계적으로도 보기 드문 산림 복구의 성공 사례예요. 이렇게 우리나라의 국토를 복구하기 위한 산림녹화 산업의 전 과정을 담은 자료는 세계사적 가치를 인정받아, 2025년 유네스코 세계 기록 유산에 등재되기도 했어요.

유네스코 세계 기록 유산에 등재된 산림녹화 기록물: 1973~1977년 포항 영일만 산림 복구 과정

🌲 우리나라 최초의 인공림

우리나라에서 가장 오래된 인공림은 바로 경상남도 함양군에 있는 '상림'이에요. 이 숲은 지금으로부터 약 1,100여 년 전, 신라 진성여왕 때 함양 태수로 부임했던 고운 최치원 선생이 조성한 것으로 알려져 있어요. 상림은 조경만을 목적으로 조성된 숲이 아니었어요. 함양읍 북서쪽을 흐르는 위천천이 자주 범람하자 홍수 피해를 막기 위해 강변에 둑을 쌓고 그 위에 나무를 심어 조성한 수해 방지림이었어요.

이 숲은 본래 '대관림'이라 불렸으나, 중간 부분이 파괴되면서 현재의 상림과 하림으로 나뉘게 되었어요. 그중 상림만이 천년의 세월을 견디며 옛 모습을 간직하고 있어요. 상림은 그 역사적 가치와 아름다운 풍광을 인정받아 천연기념물 제154호로 지정되어 보호받고 있죠.

경상남도
함양군 상림

🌲 도심 속의 공원

자연림과 달리, 인공림은 도시 한복판에서도 볼 수 있어요. 미국의 센트럴 파크, 영국의 하이드 파크, 한국의 서울숲이나 올림픽 공원 같은 도시공원이 대표적이죠. 도시공원은 도시 생활로 지친 주민들에게 휴식과 즐거움을 주는 공간인 동시에 각종 연구와 교육의 장이 되기도 해요.

3. 스스로 회복하는 숲

 자연이 써 내려가는 시나리오

자연은 시간의 흐름에 따라 그 모습을 계속해서 바꿔요. 방치된 논밭은 잡초가 무성해지고, 건물이 허물어진 자리에는 숲이 생겨나죠. 이처럼 어떤 지역의 생태계가 시간이 지남에 따라 여러 단계를 거쳐 다른 모습으로 바뀌는 과정을 '자연 천이(Ecological Succession)'라고 해요.

자연 천이는 보통 어떤 '교란(Disturbance)' 때문에 시작돼요. 교란이란 산불이나 홍수 같은 자연재해, 혹은 인간이 농사를 짓다가 버려 두거나, 건물을 지었다가 철거하는 등의 인위적인 사건을 일컬어요.

🌲🌲🌲 자연 천이의 단계

자연 천이는 환경에 따라 '일차 천이(Primary Succession)', '이차 천이(Secondary Succession)' 두 가지로 나눌 수 있어요. 일차 천이는 화산 폭발로 드러난 바위처럼 아무것도 없는 곳에서 천이가 시작되는 경우를 말하고, 이차 천이는 흙이 남아 있는 땅에서 시작되는 천이예요. 먼저 우리가 흔하게 볼 수 있는 이차 천이의 단계에 대해 살펴볼게요.

이차 천이의 단계

1단계 개척자 단계(Pioneer Stage): 논밭이 비면 가장 먼저 '개척자 종(Pioneer Species)'이라 불리는 번식력 강한 식물이 자리 잡아요. 민들레, 쑥처럼 햇빛을 좋아하고 척박한 땅에서도 잘 자라는 식물이 가벼운 씨앗을 멀리 퍼뜨려요.

2단계 관목 단계(Shrub Stage): 몇 년이 지나면 억새, 싸리나무 같은 관목과 어린 소나무 묘목이 자라요. 이들은 키가 커서 햇빛 경쟁에서 유리하며, 뿌리로 땅을 단단히 고정하는 역할을 해요. 관목이 빽빽해지면 숲의 모습이 드러나기 시작해요.

3단계 극상림 단계 (Climax Stage): 수십, 수백 년이 지나면 참나무, 단풍나무 등 지역 환경에 잘 적응한 나무들과 음지 식물, 다양한 동물이 자리 잡아요. 복잡한 생태계가 형성되면서 외부 환경 변화에도 잘 견딜 수 있게 되죠.

이차 천이

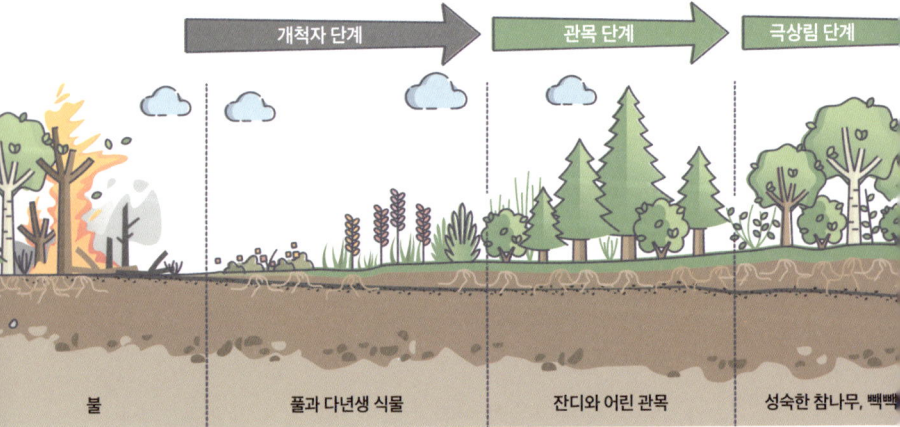

개척자 단계 → 관목 단계 → 극상림 단계

불 | 풀과 다년생 식물 | 잔디와 어린 관목 | 성숙한 참나무, 빽빽

일차 전이: 흙조차 없는 곳에서 시작돼요. 가장 먼저 지의류[4]나 이끼 같은 강인한 생명체가 바위를 풍화시키며 흙을 만들고, 그 뒤로 풀, 관목, 숲 순서로 생태계가 발달해요. 수백, 수천 년에 걸치는 아주 오랜 기간이 걸려요.

자연 천이는 자연의 놀라운 회복력을 보여 주는 과정이에요. 파괴되고 황폐해진 땅이 결국 푸른빛 생명력을 틔워 내는 모습은 우리에게 '다시 해낼 수 있다'는 희망을 주죠.

---

[4] 땅이나 나무껍질, 바위에 붙어서 살아가는 균류와 조류의 공생체.

03

도시 숲의 식물들

도시숲에는 어떤 식물들이 살고 있을까요?
키 큰 나무는 시원한 그늘을 드리우고,
작은 풀과 꽃들은 계절마다 색을 더해 줍니다.
덤불처럼 자라는 관목들은 새와 곤충의 집이 되어 주지요.
도시숲에서 만날 수 있는 다양한 식물들을 알아볼까요?

1. 도시숲에 뿌리내린 나무들

도시의 키 큰 수호자들

도시숲에 들어서면 가장 먼저 눈에 띄는 건 하늘을 향해 곧게 뻗은 키가 큰 나무들이에요. 이 나무들은 단순히 풍경을 아름답게 하는 장식물이 아니라, 소음과 공해로부터 도시를 지켜 주는 든든한 수호자랍니다. 뿌리로는 땅을 붙잡아 토양이 쓸려 나가는 것을 막고, 잎으로는 대기 속의 오염 물질을 걸러 내며, 넓은 그늘로는 한여름의 뜨거운 열기를 식혀 줘요. 나무들이 없었다면, 삭막한 도시에서 자연의 푸르름을 느낄 수 있는 공간은 찾기 어려웠을 거예요. 이제부터 도시숲을 이루는 나무든에 대해 알아봐요.

은행나무

생김새 부채 모양 잎, 가을이면 노랗게 단풍이 진다.

특징 • 도시의 지독한 매연에도 살아남는 강한 생존력.
　　　• 열매에서 나는 고약한 냄새로 해충으로부터 자신을 보호한다.

느티나무

생김새 기다란 가지가 넓게 뻗어 있다.

특징 • 사방으로 뻗은 가지가 그늘을 만들어 준다.
　　　• 수백 년을 사는 장수 나무. 마을 당산나무[5]로 사랑받는다.

5　마을 지킴이로서 신이 깃들어 있다고 여겨, 제사를 지내 주는 나무.

벚나무

생김새   봄이면 연분홍, 흰색 꽃이 가지마다 가득 핀다.

특징
- 강렬한 아름다움으로 사람들의 마음을 사로잡는다.
- 개화 기간이 약 일주일로, 매우 짧다.

단풍나무

생김새   잎사귀가 아기 손 모양으로, 가을이면 붉고 노랗게 물든다.

특징
- 다양한 색으로 산과 거리를 화려하게 물들인다.
- 단단하고 질겨서 가구새나 야구 방망이 등 목재로 사용된다.

소나무

생김새   뾰족한 바늘잎을 지녔으며, 사계절 푸르다.

특징   • 절벽이나 척박한 땅에서도 꿋꿋하게 자란다.
   • 우리 민족의 강인함을 상징하는 나무.

버드나무

생김새   가지가 길게 늘어지는 수형이 특징. 잎은 길고 좁은 피침형이다.

특징   • 물가에서 잘 자라며, 운치 있는 풍경을 만든다.
   • 봄에는 솜털이 달린 꽃(버들개지)이 핀다.

칠엽수

생김새   손바닥처럼 갈라진 잎, 밤송이 같은 열매.

특징   • 5~6월에는 붉은빛을 띠는 흰색 꽃이 핀다.
       • 열매는 독성이 있어 먹으면 안 된다.

플라타너스 (양버즘나무)

생김새   잎이 크고 넓으며, 나무껍질이 조각조각 벗겨져 얼룩덜룩한 무늬를 만든다.

특징   크고 넓은 잎들이 햇볕을 막아 주고, 수증기를 내뿜어 주변 온도를 낮춘다.

2. 도시숲을 밝히는 꽃

🌲🌲🌲 도시에서 만나는 꽃들

키가 큰 나무만큼 눈에 띄지는 않지만, 도시 곳곳에는 아름다운 자태를 뽐내는 꽃들이 우리를 반기고 있어요. 아스팔트 틈이나 보도블록 옆처럼 작은 공간에서 스스로 피어나는 꽃들이 있는가 하면, 횡단보도 앞이나 화단에서 계절마다 화려한 색으로 거리를 물들이는 꽃들도 있죠. 도시에서 흔히 만날 수 있는 꽃들은 어떤 종류가 있으며, 또 어떤 특징을 가지고 있을까요?

산수유

생김새   잎보다 먼저 노란 꽃이 핀다. 가을에는 빨간 타원형 열매가 열린다.

개화 시기   2~3월

특징   • 꽃과 열매 모두 아름다워 도시를 화사하게 물들인다.
            • 불로장수의 상징. 열매는 한방 약재로 쓰인다.

목련

생김새   크고 흰 꽃잎이 하늘을 향해 핀다.

개화 시기   3~4월

특징   배몰건과 자폭런 능이 있다.

라일락

생김새 보라색을 비롯한 다양한 색의 작은 꽃송이가 모여 핀다.

개화 시기 4~5월

특징
- 향기가 진해 멀리서도 알아차릴 수 있고, 추위에도 강하다.
- 첫사랑의 추억을 상징하며, 잎밑은 보통 둥글지만 드물게 넓은 쐐기 모양 또는 얕은 심장 모양이다.

달맞이꽃

생김새 줄기에 잔털이 나고 잎은 피침형이며, 노란색의 꽃잎이 특징이다.

개화 시기 7~10월

특징
- 밤에만 피어 야행성 곤충들의 먹이가 되고, 씨앗은 화장품, 건강 식품 원료로 쓰인다.
- 지름 5cm 정도의 큰 꽃을 피운다.

수국

생김새   크고 둥근 꽃송이가 화려하게 핀다.

개화 시기   6~8월

특징   토양의 산성도에 따라 파란색, 분홍색 등 다양한 색으로 피며, 그늘에서도 잘 자란다.

능소화

생김새   주황색 나팔 모양의 큰 꽃이 덩굴을 타고 화려하게 핀다.

개화 시기   7~8월

특징
- 더위와 햇빛에 강하며, 한번 자리 잡으면 해마다 풍성하게 꽃을 피운다.
- 주황, 빨강이 섞인 화려한 색감이 돋보이며, 예로부터 궁궐과 사찰에서 많이 재배되었다.

코스모스

생김새 분홍, 흰색 등 다양한 얇은 꽃잎이 핀다.

개화 시기 9~11월

특징 • 키가 1~2m까지 자라고, 척박한 땅에서도 잘 자라는 강인한 생
명력을 지녔다.
• 가을을 대표하는 꽃으로, 벌과 나비의 먹이가 된다.

도시숲의 꽃들은 화려한 색과 달콤한 향기로 꿀벌, 나비, 꽃등에 같은 곤충들을 불러 모아요. 꽃들이 제공하는 꿀과 꽃가루를 먹고 자란 곤충들은 다시 꽃가루를 옮겨 식물이 열매를 맺게 도와줘요. 그리고 그 열매는 도시의 새들이 겨울을 날 수 있는 소중한 식량이 되지요. 횡단보도 앞 작은 화단에 핀 꽃 한 송이가 곤충과 새들을 도시에 머물게 하고, 삭막한 회색 도시에 생명의 숨결을 불어 넣고 있는 거예요.

3. 도시숲의 생존 전략

🌲🌲🌲 건물 사이에 피어난 숲

「건물 사이에 피어난 장미」라는 노래를 아시나요? 도시의 아스팔트 위라는 척박한 환경에서도 꽃을 피워 낸 장미의 강인한 생명력을 노래하는 곡이죠. 비단 노래 속 장미뿐만이 아니에요. 우리가 무심코 지나치는 거리의 모든 식물에게 도시는 매일매일이 치열한 생존의 현장이지요. 매연과 각종 오염 물질, 아스팔트가 내뿜는 열기는 기본이고, 뿌리를 내릴 수 있는 흙은 적어요. 그렇다면 도시숲의 식물들은 어떤 특징을 지녔기에 이처럼 척박하고 혹독한 환경에 적응해 살아남을 수 있었을까요?

🌲🌲🌲 공해와의 싸움

자동차가 빼곡한 도로 옆에서도 꿋꿋하게 서 있는 은행나무. 끈질긴 생존력의 비밀은 잎 표면을 덮고 있는 단단한 '큐티클' 층이에요. 이 보호막은 이산화 황(SO_2), 산화 질소(NO) 같은 오염 물질이나 산성비에도 잘 손상되지 않아요. 은행나무는 소나무와 비교했을 때 공해 가스에 3~4배 더 강하고, 10배나 많은 이산화 황이 쌓여도 큐티클 층이 쉽게 파괴되지 않아요. 또한 은행나무는 '플라보노이드'라는 특별한 물질을 만들어 내는데, 이 물질은 해충이나 병균을 물리치는 효과가 있어요.

가을이면 은행나무 열매에서 풍기는 지독한 냄새를 맡아 본 적 있죠? 사실 이 냄새는 각종 병충해로부터 씨앗을 지키려는 은행나무의 생존 전략이랍니다.

🌲🌲🌲 환경 적응

느티나무를 비롯한 도시 나무들은 사람들이 밟아 단단해진 흙이나 건조한 환경에도 비교적 잘 견딜 수 있어요. 뿌리가 깊게, 혹은 넓게 뻗어 척박한 땅에서 생존하거나, 건조한 날씨에 대비해 줄기에 물을 저장하는 특별한 생존 전략을 쓰고 있기 때문이죠.

또한, 도시숲에는 다양한 빛 조건에 맞춰 살아가기 위해 햇빛이 부족한 그늘에서도 잘 자라는 '음수(陰樹)'와 햇빛을 좋아하는 '양수(陽樹)' 모두 존재해요. 음수의 대표적인 예로는 서어나무, 사철나무, 단풍나무 등이 있어요. 소나무, 은행나무, 느티나무 같은 나무들은 햇빛을 적극적으로 흡수하며 성장하는 양수예요.

우리나라에서는 특히 은행나무, 플라타너스(양버즘나무), 느티나무 등을 많이 심는데, 오염 물질 흡수 능력이 뛰어나고, 병충해에 강하며, 맹아력[6]이 강해 가지치기 후에도 잘 견딜 수 있기 때문이에요. 도시숲의 나무들은 도시 환경에 꼭 필요하고, 사람들에게 유익한 특징을 지녔기에 가로수로 선택된 거예요.

🌲 작지만 강한 풀꽃들의 작전

나무 아래, 길가 틈새에는 작지만 강인한 생명력을

---

6   싹이 다시 돋는 힘.

자랑하는 풀꽃들이 살고 있어요. 민들레, 토끼풀, 냉이, 개망초, 애기똥풀, 제비꽃 등 우리 주변에서 흔히 볼 수 있는 야생화들이죠. 이 작은 식물들이 살아남는 방법은 크게 세 가지예요.

첫째, 도시 야생화들은 빠른 성장과 번식으로, 짧은 시간 안에 꽃을 피우고 씨앗을 맺어요.

둘째, 효율적인 씨앗 퍼뜨리기 전략을 써요. 민들레 씨앗처럼 바람을 타고 멀리 날아가거나, 끈적한 씨앗으로 사람들의 옷이나 신발, 동물의 털에 붙어 이동해요.

셋째, 강인한 생명력을 자랑해요. 척박하고 사람들이 자주 밟고 다니는 길가나 황량한 빈터에서도 뿌리를 내리고 자라나요.

키 큰 나무부터 작은 풀꽃까지, 도시숲의 식물들은 저마다의 독특한 방식으로 도시 환경에 적응하며 살아가고 있어요. 아스팔트 틈에서도 새싹을 틔워 내는 식물의 강인한 생명력 덕분에 우리는 삭막한 도시 속에서도 초록의 싱그러움을 느낄 수 있는 거예요.

• 우리 땅에서 자라난 자생 식물

'자생 식물'은 넓은 의미로는 식물이 인위적인 보호를 받지 않고 자연 상태 그대로 생활하는 식물을 의미해요. 좁은 의미로는 외국에서 들어온 것이 아닌, 예전부터 우리나라에서 살아온 토종 식물을 뜻하죠.

산림청 국립수목원에서 발간한 「국가 표준 식물 목록」에 따르면, 우리나라 자생 식물은 2021년 기준 3,738분류군에 달해요. 오래전부터 동물들과 사람들 곁에서 함께해 온 만큼, 자생 식물은 우리 날씨와 땅에 잘 적응해 살아가요.

• 자생 식물의 기능

자생 식물은 자연 속 다양한 생물들이 서로 어울려 살 수 있도록 돕는 생태계의 기둥이에요. 곤충과 새들의 먹이가 되고, 집이 되어 주며 생물 다양성을 지켜 주고 있어요.

자생 식물은 중요한 자원이기도 해요. 음식이나 약, 목재 같은 생활 재료로 쓰일 뿐 아니라, 최근에는 생명 공학 연구에도 큰 역할을 하고 있어요. 자생 식물에서 얻은 다양한 유전자는 새로운 의약품의 소재가 되거나, 병과 환경 스트레스에 강한 농산물을 만드는 데 활용되기도 하죠. 실제로 이런 연구들은 세계적으로 작물 품종을 개선하는 데 기여하고 있어요.

• 자생 식물을 지켜야 하는 이유

하지만 안타깝게도 무분별한 개발과 채취로 많은 자생 식물이 사라질 위기에 처했어요. 그래서 우리나라는 1989년부터 멸종 위기 자생 식물을 법으로 보호하기 시작했고, 지금은 「야생 생물 보호 및 관리에 관한 법률」에 따라 자생 식물을 보호하고 있어요.

특히 식물의 씨앗은 그 식물의 유전적 특징을 모두

담고 있기 때문에, 종자가 사라지지 않도록 모으고 보관하는 종자 데이터베이스 개발도 활발히 진행되고 있어요. 정부는 '시드 볼트(Seed Vault)' 같은 종자 저장고를 만들어, 종자들을 안전하게 보관하고 있어요. 전 세계에 단두 곳뿐인 이 특별한 시설은 노르웨이와 우리나라 경상북도에 설립된 백두대간 글로벌 시드 볼트가 유일해요.

관상을 위한 무분별한 채취로 개체 수가 줄어, 멸종 위기 야생 생물로 지정된 광릉요강꽃.

04

도시 숲의 생명들

도시숲은 식물들만의 공간이 아니에요.

가로수 위를 날아다니는 새들과

나무를 오르내리는 다람쥐,

풀숲이나 화단에 살고 있는 작은 곤충들…

이 모두가 도시숲의 일원이랍니다.

도시숲의 또 다른 주민, 동물과

곤충들에 대해 알아봐유

1. 도시숲에 사는 동물들

🌲🌲🌲 도시숲의 새

도시에서 가장 흔하게 보이는 새는 까마귀, 까치, 직박구리, 참새 같은 텃새예요. '텃새'란 철을 따라 옮겨 다니지 않고 한 지방에서 사는 새를 말해요. 이 외에도 꼬리에서 딱딱 소리가 나는 딱새, 검정 줄무늬가 귀여운 박새도 도심 공원에서 볼 수 있죠. 비둘기도 대표적인 도시 새라고 할 수 있어요. 우리가 흔히 보는 비둘기는 집비둘기로, 외래종이 대부분이에요.

숲이 비교적 크고 환경이 좋다면, 황조롱이, 소쩍새 같은 천연기념물이나 보호종 새들도 종종 찾아요.

🌲🌲🌲 작지만 중요한 일꾼, 곤충

자세히 들여다보면 도시숲은 곤충들의 천국이에요. 꽃 주변을 맴도는 벌과 나비부터, 나뭇잎 위를 기어가는 무당벌레, 땅 위를 바쁘게 돌아다니는 개미 등 수많은 곤충이 살고 있죠.

벌과 나비는 꽃가루 배달부예요. 꽃 사이를 날아다니며 꿀을 먹는 동안 몸에 꽃가루를 묻혀 다른 꽃으로 옮겨 주죠. 이 과정을 '수분'이라고 하는데, 식물이 열매를 맺고 씨앗을 만들기 위해 꼭 필요한 과정이에요. 지구상 대부분의 식물이 이런 도움을 필요로 한다고 하니, 벌과 나비가 얼마나 중요한 역할을 하는지 알겠죠?

딱정벌레 중 일부는 죽은 나무나 동물의 사체, 배설물을 분해하는 역할을 해요. 무당벌레는 식물에 해를 끼치는 진딧물을 잡아먹고, 개나리 잎벌의 애벌레는 새들이 새끼를 키울 때 중요한 단백질 공급원이 돼요. 이렇듯 곤충들은 숲을 위한 청소부와 먹잇감이 되어 줘요.

🌲🌲🌲 숨어 사는 포유류

숲에는 작은 포유류도 살아가고 있어요. 나무 위에서는 다람쥐와 청설모가 재빠르게 오르내리며, 도토리나 나무 열매를 먹고 살아요. 다람쥐와 청설모가 도토리를 땅에 묻어 놓고 깜빡 잊어버리면 그 자리에서 참나무가 자라기도 해요.

밤이 되면 또 다른 동물들이 등장해요. 너구리와 족제비 같은 동물들은 어둠 속에서 곤충이나 작은 동물, 열매를 찾아다녀요. 고슴도치 역시 벌레와 지렁이를 찾아 숲 구석구석을 누비죠.

도시 개발이 계속되면서 산속 깊은 곳에서만 볼 수 있는 동물들이 도시에서 발견되고 있어요. 깊은 동굴에서 살던 박쥐는 이제 도심의 건물 틈새를 새로운 서식지로 삼기도 해요. 멧돼지는 천적이 사라지고 산에 먹이가 부족해지자, 도시 아래로 내려오는 일이 잦아졌어요. 도시숲이 넓고, 주변 자연과 이어져 있다면 노루나 고라니처럼 큰 동물이 나타나기도 해요.

서울의 한강 공원은 생태계 복원 사업 등을 통해 환경이 개선되면서 이곳을 찾는 동물들이 늘어나고 있어요.

멸종 위기종이자 천연기념물인 수달을 비롯해, 수리부엉이와 황조롱이 같은 맹금류도 한강 주변에서 관찰되고 있어요. 이처럼 다양한 야생 동물이 다시 모습을 보인다는 건, 한강 공원의 자연이 회복되고 있다는 뜻이기도 해요.

2. 도시숲의 숨은 조력자

 살아있는 흙, 토양

땅속에서는 토양, 곰팡이(균류), 그리고 아주 작은 미생물들이 분주하게 움직이며 숲의 생명을 유지시켜요. 수많은 생명이 살아가는 터전인 토양은 크게 무기물, 유기물, 물, 공기 네 가지 요소로 이루어져 있어요.

이 네 가지 요소가 적절한 비율(무기물·유기물 50%, 물 25%, 공기 25% 정도)로 섞여 있을 때 건강한 토양이라 할 수 있어요. 특히 '표토'라고 불리는 겉흙은 양분이 풍부하고 생명 활동이 활발해, 식물이 자랄 때 꼭 필요한 부분이에요.

하지만 도시의 흙은 여러 어려움에 부딪히고 있어요.

분류	내용
무기물	암석이 부서져 만들어진 모래, 미사(가는 모래), 점토 입자를 말해요.
유기물	죽은 식물이나 동물이 분해되어 만들어진 영양분 덩어리예요.
물(액상)	흙 입자 사이 빈 공간을 채워요. 식물과 미생물에게 필수적이에요.
공기(기상)	뿌리와 미생물이 숨 쉬는 데 필요해요. 흙 입자 사이의 빈 공간을 채워요.

사람들이 걸어 다니거나 자동차, 각종 장비가 오가면서 흙이 단단하게 눌려 버리면(견밀화) 비가 와도 물이 잘 스며들지 못해요. 건축 과정에서 나온 폐기물과 각종 오염 물질이 흙에 섞이기도 하고요. 그래서 도시의 흙은 숲의 흙과 비교했을 때 유기물이 부족하고, 산성보다는 중성에 가까우며, 살아가는 미생물의 수도 훨씬 적어요. 이런 문제들이 쌓이면 결국 도시숲 생태계 전체가 건강을 잃을 수도 있어요.

땅속의 작은 거인, 토양 동물

흙 속에는 다양한 동물들도 함께 살아가요. 원생동

물[7], 선충[8], 응애[9] 같은 미소 동물들은 맨눈으로 잘 보이지 않을 만큼 아주 작아요. 이들은 박테리아나 곰팡이를 먹으면서 개체 수를 조절하며, 영양분이 다시 흙으로 돌아가도록 도와요.

지렁이는 흙과 유기물을 먹고 다니며 배설해 흙을 부드럽게 만들고, 영양분을 골고루 섞어 주는 역할을 해요. 지렁이가 지나다니며 만든 굴은 흙 속에 공기와 물이 잘 드나들 수 있게 하죠. 지렁이가 많은 흙일수록 건강하고 비옥해요. 이 밖에도 개미나 딱정벌레 유충 같은 동물들도 땅속에서 유기물을 분해하거나 흙이 골고루 섞이도록 도와요.

땅속의 분해 전문가, 미생물과 균류

건강한 흙 1티스푼에는 무려 1만 종 이상의 미생물

---

7 원생동물문의 동물을 통틀어 이르는 말. 단세포로 된 가장 하등한 원시적인 동물.

8 선형동물의 하나. 몸은 대체로 실 모양이고, 가로면은 원형이다.

9 거미강 진드기목의 띠응앳과, 마디응앳과, 나비응앳과 따위의 절지동물을 통틀어 이르는 말.

이 살고 있다고 해요. 박테리아, 곰팡이(균류), 바이러스 등 눈에 보이지 않는 이 작은 생명체들은 도시숲 생태계를 유지하는 데 핵심적인 역할을 해요.

미생물과 균류는 죽은 동식물의 사체나 배설물에 달라붙어 효소를 분비하고, 복잡한 유기물을 단순한 무기물로 잘게 부숴요. 이 과정을 '분해'라고 해요. 분해 과정에서 질소, 인, 칼륨 등 식물 성장에 꼭 필요한 영양소들이 다시 흙으로 돌아오죠. 이 영양소들은 식물이 뿌리를 통해 흡수하여 다시 사용하는데, 이를 '영양 순환' 또는 '물질 순환'이라고 해요.

미생물은 유기물을 분해하여 무기 영양소로 만드는 '무기화(Mineralization)' 과정을 통해 식물이 영양분을 흡수할 수 있도록 도와요.

🌲🌲🌲 미생물이 중요한 이유

미생물은 단순히 분해만 하는 게 아니에요. 끈적한 물질을 만들어 흙 알갱이를 서로 붙이고, 곰팡이의 실(균사)을 뻗어 흙 속에 공기와 물이 잘 통하게 도와줘요. 덕분에 식물 뿌리와 다른 생물들이 살기 좋은 흙이 되는 거죠. 게다가 유익한 미생물은 해로운 병원균을 막아 주기도 해요. 만약 미생물이 없다면, 죽은 생명체가 썩지 않고 그대로 쌓여, 숲은 결국 황폐해지고 말 거예요.

땅속에 사는 생명체들

미소 동물

맨눈으로 잘 보이지 않을 만큼 작은 원생동물, 선충, 응애 등을 말해요. 박테리아나 곰팡이를 먹고 살며, 이들의 개체 수를 조절하고 영양분 순환을 도와요.

지렁이

땅속을 돌아다니며 흙과 유기물을 먹고 배설해요. 이 과정에서 흙을 부드럽게 하고 영양분을 섞어 주며, 공기와 물이 잘 통하게 해 줘요.

그 외 동물

개미나 일부 딱정벌레 유충 등도 땅속에 살면서 유기물을 분해하거나 흙을 섞는 데 기여해요.

• 식물의 숨은 조력자, 균근균

토양 곰팡이 중에는 식물 뿌리와 특별한 협력 관계를 맺는 친구들이 있어요. 바로 '균근균(Mycorrhizal Fungi)'이에요. '균근'은 '곰팡이(균)'와 식물 '뿌리(근)'가 함께 살아가며 만든 구조를 뜻해요.

균근균은 실처럼 가느다란 균사를 흙 속 깊고 넓은 곳까지 뻗어, 식물 뿌리가 혼자서는 닿지 못하는 곳에서 물과 영양분을 흡수해 식물에 건네줘요. 특히 인산이나 질소 같은 중요한 영양분을 가져다주죠.

식물도 받기만 하지 않아요. 광합성으로 만든 당분 같은 영양분을 균근균에게 나누어 주면서 공생 관계를 맺어요. 덕분에 식물은 척박한 땅에서도 살아남을 수 있고, 가뭄이나 병원균 같은 스트레스도 더 잘 버텨 낼 수 있어요.

놀랍게도 육지 식물의 약 97%가 균근균과 함께 살아 간다고 해요. 소나무나 참나무처럼 키가 큰 나무들은 뿌리 바깥을 감싸는 '외생균근'과 공생하고, 대부분의 다른 식물들은 뿌리 세포 안으로 들어가는 '내생균근'과 공생해요. 숲속의 수많은 나무와 풀들은 균근균과 손잡고 살아가고 있는 거예요.

05

우리 주변의 도시숲

아파트 단지 옆 작은 공원부터

일부러 시간을 내야 닿을 수 있는 숲까지.

알아차리지 못했을 뿐, 자연은 늘 도시 가까이에 있어요.

이제 도시 곳곳에 있는 다양한 숲을 살펴보려 해요.

이름만 알고 지나쳤던 곳도, 처음 듣는 공간도 있을 거예요.

책을 덮고 나면 한 번쯤 걸어 보고 싶은 숲이 생길지도 몰라요.

도심을 가로지르는 아름다운 산책로

시민들이 함께 만들어 가는 공간

일상의 피로를 푸는 고요한 쉼터

한번쯤 걸어 보고
싶은 숲길

우리 동네에는
어떤 도시숲이
있을까?

1. 시민이 함께 만든 숲

서울숲

한강과 중랑천이 만나는 너른 땅, 뚝섬. 이곳은 임금님이 사냥을 즐기던 벌판이었어요. 시간이 흘러 이곳에는 시민들에게 깨끗한 물을 공급하는 최초의 상수도 시설이 들어서기도 했고, 경쾌한 말발굽 소리가 울려 퍼지던 경마장과 체육공원으로 이용되기도 했죠. 2000년대 초, 이 땅의 쓰임새를 두고 큰 논쟁이 생겼어요. 거대한 건물을 짓자는 의견도 있었지만, 시민들은 이 공간을 모두를 위한 숲으로 만들기를 원했어요.

서울숲은 정부가 아닌 시민과 전문가, 기업이 함께 힘을 모아 만든 숲이에요. 민간단체가 중심이 되어 시민과 기업들의 참여를 이끌어 냈으며, 캠페인을 통해 기금을 모으고, 자원봉사자를 모집해, 시민이 직접 나무를 심고 숲을 가꾸도록 했어요. 서울숲은 시민의 참여로 만들어진 우리나라 최초의 대규모 도시숲이라는 점에서 큰 의미를 지녀요.

2005년, 마침내 서울숲이 문을 열었어요. 서울숲의 면적은 약 480,994㎡이며, 자연 생태숲, 습지 생태원, 문화 예술 공원 등 다양한 테마 공원이 있어요.

또한 서울시는 연예인과 팬의 기부로 숲을 조성하는 '스타 숲 사업'을 운영하고 있어요. 스타의 이름으로 숲을 조성하여, 생태계 복원에 기여하는 것을 목표로 해요. 서

서울숲 공원의 전경

울숲에는 인기 아이돌 그룹 에스파의 멤버인 '윈터', BTS의 '제이홉' 등 다양한 스타의 이름을 붙인 숲이 많아요.

서울숲에 조성된 윈터 숲 공원

🌲🌲🌲 푸른길 공원

광주에는 조금 특별한 도시숲이 있어요. 바로 푸른길 공원이에요. 지금은 사람들이 산책을 하고 사진을 찍는 곳이지만, 원래는 기차가 다니던 철도였어요. 20여 년 전, 철도를 도시 외곽으로 이설하면서 역이 폐지되자, 사람들은 그 자리에 도시 철도 2호선을 만들기로 계획했어요. 하지만 주민들과 환경 운동가들은 이곳을 공원으로 만들고 싶었어요. 그들은 3년 동안 시민운동을 이어 갔고, 결국 광주시는 시민들의 뜻을 받아들였어요. 그리고 '100만 그루 헌수 운동'이 펼쳐졌죠. 결혼을 앞둔 아들을 위해 느티나무를 심은 부부, 나무를 심으며 숲의 소중함을 배우고 싶다던 가족, 근처에서 약국을 운영하시다 팽나무를 기증한 어르신까지, 시민들은 너나 할 것 없이 나무를 기증했어요.

하지만 10여 년 뒤, 도시 철도 건설로 푸른길 공원 일부가 사라질 위기에 처하자, 시민들은 또다시 모였어요. '푸른길지키기시민연대'를 만들어 "푸른길은 푸른길로, 지하철은 도로로!"라는 구호를 외치며 자신들의 숲을 지

푸른길 공원

켜 내려 했죠. 그 결과 푸른길 공원은 계속 공원으로 남아 있을 수 있게 되었어요.

푸른길 공원의 면적은 약 123,859㎡이며, 총 길이는 약 8.1km예요. 도심을 따라 길게 뻗어 있기 때문에 시민들에게 쉼터가 되어 줄 뿐 아니라, 광주를 대표하는 문화, 예술 공간으로 자리 잡았어요.

🌲 하이 라인 파크(The High Line)

뉴욕에 있는 하이 라인 파크는 길이 약 2.4km의 선형 공원[10]이에요. 현재 500종이 넘는 식물이 자라고 있으며, 다채로운 프로그램과 공연을 통해 시민들의 문화 공간으로 활용되고 있어요.

지금은 맨해튼의 명소지만, 원래는 낡고 녹슨 고가 철도였어요. 도시 미관을 해친다는 이유로 뉴욕시와 부동산 개발업자가 이 공간을 없애려 했죠. 하지만 1999년, 평범한 시민 두 사람이 철거를 반대하며 나섰어요. 그들은 '하이 라인의 친구들(Friends of High Line)'이라는 단체

---

10 선 모양으로 길게 만든 공원.

하이 라인 파크

를 만들고, 이곳을 시민들을 위한 특별한 공원으로 만들
자고 주장했어요.

　두 사람은 사진과 공모전을 통해 사람들의 상상력을
모았고, 결국 시장의 지지를 얻어 냈어요. 하이 라인 파
크는 2009년에 문을 연 이후, 옛 철길과 야생 식물의 느
낌을 살린 독특한 디자인으로 전 세계적인 명소로 거듭
나게 되었어요.

2. 빌딩 속 푸르름으로 다시 태어난 숲

경의선 숲길

　경의선 숲길은 서울의 연남 사거리에서 홍대입구역까지 이어지는 약 6.3km의 선형 공원이에요. 경의선은 원래 일제가 군사 및 물류 수송을 위해 건설한 철길이었어요. 한국 전쟁이 일어나 남과 북이 분단되면서 경의선은 더는 달리지 않게 되었고, 공원으로 재탄생했어요.

　경의선 숲길 중 가장 사람이 많이 찾는 장소는 연남동 구간이에요. 경의선 숲길에 가면 사람들이 잔디밭에 자유롭게 앉아 책을 읽거나 쉬고 있는 모습을 볼 수 있어요. 그 모습이 뉴욕의 센트럴 파크 같다고 히어, '연남동'과 '센트럴 파크'를 합친 '연트럴 파크'라는 별명이 생겼어

경의선 숲길

요. 이곳에는 과거에 흐르던 세교천의 흔적을 되살린 실개천이라는 하천이 흐르고 있어요.

홍대입구역부터 와우교까지 이어진 구간에는 '경의선 책거리'가 조성되어 있어요. 이곳에는 기차 모양을 본 뜬 작은 서점이 늘어서 있죠. 책과 관련된 테마 토크, 산책 토크 등 여러 프로그램에 참여할 수 있는 공간이에요. 또한, 과거 세교리역과 서강역 사이를 간이역 테마로 꾸민 '책거리역'이라는 공간도 있어요. 기차가 사람을 실어 나르던 공간이 지식과 영감을 실어 나르는 공간으로 바뀌었다는 상징적인 의미를 담고 있죠.

🌲 매헌 시민의 숲

　　매헌 시민의 숲은 서울 양재시민의숲역에서 도보로
10분 정도 떨어진 곳에 있는 공원이에요. 우리나라 최초
로 숲 개념을 도입한 공원으로, 도심에서 쉽게 볼 수 없는
울창한 숲을 자랑해요. 원래는 '양재 시민의 숲'으로 불
렸으나, 2022년부터 '매헌 시민의 숲'으로 이름이 바뀌었
어요. 1986년 아시안 게임과 1988년 올림픽을 앞두고 조
성되었으며, 느티나무, 단풍나무, 모과나무, 감나무, 메타
세쿼이아 등 아름드리나무가 자라고 있어서 산책하기 좋
은 숲이에요. 총 면적은 총 258,991㎡이고, 공원 곳곳에

매헌 시민의 숲

매헌 윤봉길 의사 기념관, 대한항공 858편의 위령탑, 1995년 삼풍 백화점 위령탑, 우면산 산사태 희생자 추모비가 있어요.

🌲 샛강 생태 공원

샛강 생태 공원은 서울 여의도 도심 한복판에 자리 잡고 있어요. 한강에서 갈라져 나온 샛강을 타고 흐르는 공원으로, 758,000㎡에 달하는 면적을 자랑해요. 경제와 정치의 중심지인 여의도 빌딩 숲과 대비를 이루며, 도시 생활에 지친 시민들에게 자연의 아름다움을 느끼게 해 줘요. 샛강 생태 공원에는 창포원, 버들 광장, 여의못, 해오라기 숲, 야생초 화원 등 다양한 생태 친화 시설이 조성되어 있어요.

하지만 샛강 생태 공원이 처음부터 지금과 같은 모습을 갖췄던 것은 아니에요. 원래 각종 생활 쓰레기와 부유물로 열악한 공간이었지만, 자연환경 보전을 위해 1997년에 생태 공원으로 새롭게 개장했어요. 지금은 멸종 위기종인 수달이 발견될 만큼, 생태적으로 놀라운 회복력을 보여 주는 곳이에요.

샛강 생태 공원

 센트럴 파크(Central Park)

빌딩 숲으로 유명한 뉴욕 도심에는 센트럴 파크가 자리하고 있어요. 센트럴 파크는 총 면적 3,410,000㎡의 거대한 공원으로, 축구장 약 477개를 합친 크기와 비슷해요. 19세기 중반, 산업화로 소음과 매연에 시달리던 뉴욕에서, 도시 설계가 프레더릭 로 옴스테드와 캘버트 복스는 "녹색은 도시를 치료한다."는 철학을 내세웠어요. 그들은 당시 황무지였던 맨해튼 중심부에 거대한 공공녹지를 만들 것을 제안했죠.

센트럴 파크는 설계 단계부터 인체의 자연처럼 보이도록 치밀하게 계획된 공원이에요. 차도와 보행로를 분리하고, 늪지대를 호수로 만들어 인공적인 자연을 창조했죠. 옴스테드는 이 공원이 도시 사람들의 정신 건강을 지키는 데 필수적인 공간이 될 거라고 굳게 믿었어요. 1876년에 완공된 센트럴 파크는 170여 년이 지난 지금까지도 도시인들의 건강과 행복을 지켜 주는 도시숲의 모범 사례로 남아 있어요.

센트럴 파크

3. 아름다운 도시숲

 관방제림과 메타세쿼이아 가로수길

전라남도 담양은 아름다운 숲을 이야기할 때 빼놓을 수 없는 지역이에요. 이곳에는 서로 다른 매력을 지닌 두 개의 숲이 공존하고 있어요.

먼저 소개할 장소는 500년의 역사를 품은 관방제림이에요. 이 숲은 조선 시대 17세기에 홍수와 바람를 막기 위해 인공적으로 조성한 방재림으로, 팽나무, 느티나무 등 수백 년 된 아름드리나무들이 관방천을 따라 2km 넘게 길게 늘어서 있어요. 관방제림은 옛 선조의 지혜를 보여 주는 문화적 자료로서 가치기 그디고 인성받아, 1991년에 천연기념물로 지정되었어요. 여름이면 무성한

관방제림

수풀, 봄과 가을에는 벚꽃과 단풍 등 사계절 내내 색다른
매력을 보여 주는 아름다운 도시숲이에요.

관방제림을 따라 걷다 보면 메타세쿼이아 가로수길이
나와요. 메타세쿼이아 가로수길은 이국적인 아름다움을
자랑하는 숲으로, 길이가 8.5km에 달해요. 1970년대 가
로수 조성 사업 때 심은 묘목이 지금의 울창한 숲이 되었
고, 이후 관광 명소로 자리 잡아 많은 사람이 찾아와요.
이 길은 우리나라 최초의 양묘 묘목[11]으로 조성되었으며,

---

11 씨앗을 뿌려 싹이 나게 하거나, 접목 또는 조직 배양을 하여 새
로운 개체를 만들고 기르는 일.

메타세쿼이아 가로수길

주민들의 자발적인 보존 운동 덕분에 2002년 '가장 아름다운 거리 숲'으로 선정되었어요. 2015년도에는 산림청 국가 산림 문화 자산에 등재되기도 했어요.

🌲 송도솔밭 도시숲

경북 포항시에 있는 송도솔밭 도시숲은 숲과 바다가 함께 어우러져, 바다의 풍경과 소나무 숲의 싱그러운 향기를 느낄 수 있는 곳이에요. 도시화로 사라져 가는 소나무를 복원하여 숲을 조성하려는 친환경 생태 도시 조성 프로젝트인 '그린 웨이(Green Way)'를 통해 조성된 숲이에요.

공원 안에는 솔파랑 벽화 거리와 철강을 소재로 한 작품을 볼 수 있는 송림 테마 거리, 운동 시설이 있어요. 어린이를 위한 물놀이장과 피크닉장이 있어, 가족들과 함께 방문하기 좋아요. 총 길이는 약 2km이고, 소나무 숲 사이로 난 산책로는 1.37km이며, 걷는 데 약 20분 정도 걸려요.

송도솔밭 도시숲

🌲 천년숲 정원

경주에 있는 천년숲 정원은 원래 경상북도 산림환경 연구원이었어요. 산림 연구를 위한 공간이었던 이곳은 2023년, 50년 만에 일반 시민에게 개방되었어요. 천년숲 정원의 면적은 330,075㎡에 달해요. 정원 내에는 서라벌 정원, 버들못 정원 등 다양한 테마 공원이 조성되어 있어, 구역별로 다양한 나무와 식물을 만날 수 있어요.

자연 그대로의 숲을 살렸기 때문에 사계절 내내 아름다운 풍경을 자랑해요. 특히 메타세쿼이아 숲길을 따라 들어가면, SNS에서 유명한 거울숲 정원을 만날 수 있어요. 외나무다리에 서면 맑은 실개천에 그 모습이 거울처럼 비치는 아름다운 장소죠.

천년숲 정원

06

도시
숲과
사람들

우리가 매일 보는 도시숲은
저절로 생기지 않았어요.
누군가 계획하고, 심고, 돌보았기 때문에
숲으로 존재할 수 있는 거예요.

우리 도시를 푸르게 만드는
손길들에 대해 알아볼까요?

1. 도시숲은 누가 만들까?

🌲 조경가

　　조경가들은 공원이나 정원, 도로 옆의 나무와 풀 같은 녹지 공간을 설계하고 관리하는 전문가예요. 조경과 생태에 대한 전문 지식을 바탕으로, 도시를 더 푸르고 건강하게 만드는 일을 하죠. 조경가들은 직종에 따라 도시숲을 가꾸는 데 필요한 예산을 세우거나, 시공 과정을 살피는 업무를 맡기도 해요. 시민들의 휴식과 건강을 위한 공공 공간을 만드는 역할을 담당하며, 도시민들의 삶의 질을 높이는 데 기여해요.

🌲 도시 계획가

도시 계획가는 도시의 전체 모습을 설계하는 일을 해요. 건물이나 도로를 짓는 것뿐만 아니라, 사람들이 숨 쉴 수 있는 녹지 공간을 어디에, 어떻게 만들지까지 계획하죠. 아파트 단지 옆 공원이나 도심 속 작은 숲길도 도시 계획가의 손에서 시작돼요. 사람들의 이동 동선, 햇빛 방향, 바람의 흐름, 물길 등을 고려해 자연과 도시가 함께 살아가는 구조를 만들어요.

🌲 건축가와 디자이너

기후 위기로 인한 환경 문제가 심각해지면서, 건축 분야에서도 친환경의 바람이 불고 있어요. 건물 옥상에 정원을 만들거나, 건물 벽면을 식물로 뒤덮는 수직 정원 같은 혁신적인 건축물들이 대표적인 예예요. 이런 친환경 건축물을 설계하는 것이 바로 건축가와 디자이너가 하는 일이에요.

건축물에 식물을 심는 옥상 녹화는 성공적인 도시숲 사례로 자주 소개되고 있어요. 버려진 철길을 녹화 사업으로 되살린 '하이 라인 파크', 자동차 전용 고가도로를 숲으로 조성한 '서울로 7017'처럼, 건축가와 디자이너는 도시의 버려진 공간이나 구조물을 새로운 관점으로 바라보고, 초록빛 생명을 불어넣어요.

서울로 7017

2. 도시숲을 지키는 사람들

 시민단체

시민단체는 도시숲 조성뿐만 아니라, 숲을 관리하고 도시숲의 가치를 지키고 보존하기 위해 다양한 참여형 프로그램을 운영해요. 잡초 제거, 꽃과 나무 심기, 유해 식물 제거하기, 가로수 및 공원 모니터링 등 자원봉사자 를 모집해 도시숲을 가꾸는 일을 주로 해요.

아보리스트

'아보리스트(Arborist)'는 수목 관리 전문가예요. 기후 위기 대응으로 환경 및 안전 문제의 중요성이 커지면서 주목받고 있는 직업이에요. 일반적인 조경 관리사와는 달리, 클라이밍 장비를 이용해 나무에 직접 올라가 식물에 피해를 최소화하는 방식으로 나무를 관리해요. 우리나라에서는 다소 생소한 직업이지만, 미국과 유럽에서는 이미 오래전부터 전문화된 직업으로 자리 잡았어요.

🌲🌲🌲 마을 공동체

도시숲이 유지되려면 환경 전문가뿐만 아니라, 마을 주민들의 손길도 필요해요. 주택가에서 볼 수 있는 조그만 화단이나 계절마다 다양한 채소를 길러 내는 텃밭은 전문가의 손길이 닿기 어려운 공간이죠. 이들은 주말마다 공원에 모여 쓰레기를 줍거나, 가로수에 물을 주는 일을 도맡아 해요. 보수가 있는 일은 아니지만, 우리 마을의 숲을 지키고 싶다는 마음으로 꽃과 나무를 가꾸는 거예요. 작은 화단을 돌보거나, 쓰레기로 가득했던 공터를 아름다운 정원으로 탈바꿈시키기도 해요.

🌲🌲🌲 조경 관리자

　조경 관리자는 공원, 정원, 단지 등 조경이 조성된 공간에서 수목, 식물, 시설물 등을 유지하고 관리하는 일을 해요. 도시숲이 건강하게 유지되려면 꾸준한 관리가 필수적이에요. 나무에 병충해가 생기지 않았는지 돌봐야 하고, 주기적으로 가지치기를 해야 나무가 더 건강하게 자랄 수 있어요. 시민들이 공원을 안전하게 이용할 수 있도록 위험한 시설물이 없는지도 살펴야 하죠. 이런 일들을 도맡아 하는 사람이 바로 조경 관리자예요.

🌲🌲🌲 숲 해설가

　숲 해설가는 숲과 산림에 대한 지식을 사람들에게 쉽고 재미있게 전달하는 전문가예요. 숲에 사는 식물과 동물 이야기, 계절마다 달라지는 숲의 모습과 숲에 얽힌 역사, 숲과 인간의 관계 등 다양한 지식을 제공하죠. 주로 숲이나 자연 휴양림, 수목원, 도시숲 등에서 활동하며, 방문객과 직접 소통하며 숲과 자연에 대한 이해를 높이는 역할을 해요.

 나무 의사와 수목 치료 기술자

　　나무 의사와 수목 치료 기술자는 식물의 건강을 관리하는 전문가예요. 나무 의사가 나무의 피해를 진단하고 처방을 내리면, 수목 치료 기술자는 처방에 따라 예방 및 치료를 해요. 이들은 공공기관, 조경·원예 업체, 수목원 등에서 활동하며, 나무 의사의 경우 병원을 개원해 전문적인 진료 서비스를 제공하기도 해요. 부적절한 환경이나 잘못된 관리로 병든 나무들이 많은 만큼, 나무 의사와 수목 치료 기술자의 역할이 점점 중요해지고 있어요.

3. 도시숲을 위한 약속

 도시숲이라는 공간을 위해

전문가가 숲의 뼈대를 세웠다면, 시민은 숲을 살아 숨 쉬게 하는 주체예요. 아무리 멋진 숲이라도, 이용하는 사람들이 함부로 다루면 숲은 훼손되어 금세 생명력을 잃고 말 거예요. 실제로 매년 수목 훼손, 쓰레기 무단 투기 등 관리 소홀 문제로 도시숲이 망가진다는 기사를 심심찮게 볼 수 있어요. 도시숲의 가치는 숲을 이용하는 시민의 인식과 행동에 달려 있다고 해도 과언이 아니에요.

그렇다면 소중한 도시숲을 지키기 위해, 우리는 어떤 일을 할 수 있을까요?

# 도시숲을 바르게 이용하기

공원에 쓰레기를 버리지 않아요

쓰레기는 지정된 장소에 버려요. 쓰레기통이 없다면 다른 쓰레기통을 찾아서 버리거나, 집으로 가져가서 버리도록 해요. 공원에 쓰레기가 많다면 걷거나 뛰면서 길가에 떨어진 쓰레기를 줍는 '플로깅(Plogging)' 같은 환경 보호 활동에 참여해 봐도 좋아요.

식물을 함부로 채집하거나 꺾지 않아요

길가에 보이는 꽃과 나무는 수많은 전문가와 시민들이 땀과 노력으로 가꾼 소중한 공공 자산이에요. 단순히 예쁘다는 이유로 꽃을 함부로 꺾는다면, 많은 사람의 노력이 물거품이 되겠죠? 도시숲에 뿌리내린 식물들은 도시 생태계를 지탱하는 존재예요. 풀 한 포기부터 흙 속에 사는 지렁이, 버섯, 곤충 등 작은 생명체들까지 모두 생물 다양성을 유지하는 데 큰 역할을 하고 있어요. 이들을 무분별하게 채집한다면, 도시 생태계의 섬세한 균형이 깨져 버릴 수 있어요.

불이 날 수 있는 행위는 금지해요

산불은 한순간에 도시숲을 잿더미로 만들 수 있는 무시무시한 재난이에요. 최근에는 기후 변화의 영향으로 산불의 규모가 커지고, 빈도 또한 높아지고 있어요. 공원이나 정원처럼 나무가 많은 공간 근처에서는 불이 날 수 있는 위험한 행위를 절대 금지해야 해요. 특히 건조한 날씨에는 작은 불씨 하나도 큰불로 번질 수 있으니, 항상 주의를 기울여요.

일상에서 실천하기

에너지 절약하기

우리가 사용하는 전기와 에너지는 대부분 화석 연료를 태워서 만들어요. 이 과정에서 발생하는 이산화탄소는 기후 위기를 심화시키고, 도시숲이 흡수해야 할 탄소량을 늘리죠. 쓰지 않는 플러그 뽑기, 대중교통 이용하기, 짧은 거리는 걸어 다니기 등 에너지를 절약하는 습관들을 길러 봐요.

채식하기

가축을 기르는 축산업은 사료 재배를 위해 광활한 땅을 필요로 해요. 이 때문에 아마존 같은 거대한 원시림이 파괴되고 있어요. 또한 가축들이 배출하는 메탄가스는 도시숲을 파괴하고 지구 온난화를 가속화하는 주요 원인 중 하나예요. 일주일에 단 하루만이라도 고기 없는 날을 정해서 채소나 콩류 위주로 식사해 보는 건 어떨까요?

일회용품 사용하지 않기

일회용품은 만들 때도, 버릴 때도 여러 환경 문제를 일으켜요. 특히 버려진 플라스틱은 미세 플라스틱이 되고, 토양과 식물에 쌓여 도시숲의 건강을 해칠 수 있어요. 일회용 쓰레기가 많이 나오는 배달 음식은 최대한 자제하는 것이 좋지만, 꼭 시켜야 한다면 일회용 숟가락이나 젓가락을 받지 않겠다고 요청해요. 카페에서는 텀블러를 사용하고, 음식을 포장할 때 개인 용기를 챙겨 가는 것도 좋은 방법이에요.

종이 덜 쓰기

우리가 매일 쓰는 종이와 휴지는 모두 나무를 베어

만들어요. 종이를 무분별하게 사용하면 숲을 이루는 나무의 개체 수는 줄어들 수밖에 없어요. 특히 종이 영수증은 잘 보지도 않고 바로 버려지는 게 절반 이상이라고 해요. 2018년 기준, 한 해에 발급된 종이 영수증은 약 128.9만 건이고, 이는 약 12만 그루의 나무에 맞먹는 양이죠. 여기에 화장지와 복사지, 박스, 전단지 등 우리가 쓰는 종이까지 합치면 그 양은 어마어마해요. 영수증은 되도록 전자 영수증으로 받고, 휴지는 꼭 필요한 만큼만 사용해요. 프린트할 일이 있을 때는 양면으로 복사하거나, 이면지를 사용하는 습관을 가져 봐요.

도시숲을 즐기는 방법

누군가에게 숲은 고민을 들어주는 친구 같고, 또 다른 누군가에게는 지친 마음을 다독여 주는 휴식처가 돼요. 어떤 사람에게는 다양한 체험 활동을 즐길 수 있는 놀이터가 되기도 하죠. 숲은 계절에 따라, 시간에 따라, 혹은 우리가 어떤 마음으로 이용하느냐에 따라 매번 다른 모습을 보여 줘요. 지금부터 우리 곁의 도시숲이 지닌 다양한 매력과, 숲을 더 재미있게 즐길 수 있는 방법에 대해 알아봐요.

미니 정원 만들기

숲을 보기 위해 밖으로 나가지 않아도 괜찮아요. 내 방 한구석에 나만의 초록 공간을 만들면 되니까요. 나와 함께할 식물 친구를 고르는 것부터 시작해 보세요. 다육 식물이나 스킨답서스 같은 식물은 초보자도 쉽게 키울 수 있어요. 제로 웨이스트 화분 만들기에 도전해 볼 수도 있어요. 다 쓴 페트병을 잘라 자동 급수 화분을 만들거나, 우유팩을 재활용해서 식물 도구 정리함을 만들어 봐요.

우리가 가꾸는 초록 공간

학교나 지역 사회에서 운영하는 여러 프로그램에 참여해 볼까요? 학교에서 텃밭을 가꾸는 동아리를 운영한다면, 옥상이나 자투리땅에 채소를 심고 수확하는 보람을 느낄 수 있어요. 최근에는 스마트팜[12]을 조성해 작물을 기르는 학교도 늘고 있어요.

산림청, 지역 청소년 센터, 환경 단체 등에서 진행하는 '도시숲 가꾸기 기획단'이나 '마을 정원 가꾸기' 같은

---

12 '정보통신기술(ICT)'을 활용해 농장의 환경을 원격으로 자동 관리하는 과학 기반의 농업 방식.

생태 교육 및 체험 활동에 관심을 가져 보는 것도 좋아요. 한 연구 결과에 따르면, 텃밭을 활용한 프로그램 등 학교에서 자연을 만나는 활동을 한 아이들과 청소년들은 스트레스는 줄고 스트레스 저항도와 심장 기능 안정도가 향상되었다고 해요.

숲에 들어가기

숲과 친해지는 가장 확실한 방법은 바로 직접 숲에 발을 들이는 거예요. 그냥 걷기만 해도 좋지만 숲 해설가와 함께 생태를 탐험하거나 재미있는 체험 활동을 즐겨 봐도 좋아요. 숲을 제대로 즐기는 다양한 방법들을 알아봐요.

숲 관찰하기

바쁘게 걷기보다는 걸음을 늦추고 주변을 자세히 관찰해 보는 건 어떨까요? 나무의 껍질이 어떤 무늬인지, 작은 풀꽃이 어떤 색인지, 곤충은 어떻게 움직이는지 눈으로 담고, 기록해 보세요. 그림을 그리거나 글을 쓰는 것 외에도, 숲에서 느낀 감정을 함께 기록해 봐요.

최애 나무 만들기

공원이나 동네 숲에서 마음에 드는 나무를 정해 볼까요? 계절마다 나무를 찾아가 사진을 찍거나 스케치해 보세요. 계절마다 바뀌는 자연의 모습은 세상에 단 하나뿐인 나만의 특별한 기록이 될 거예요.

숲 해설가와 함께 걷기

국립공원, 지자체, 환경 단체 등에서 운영하는 숲 해설 프로그램에 참여해 보는 건 어때요? 숲의 생태와 역사에 대한 흥미로운 설명을 들으면, 숲을 보다 깊이 있게 이해할 수 있을 거예요.

더 알아보기

• 도시숲을 만드는 작은 반란, 게릴라 가드닝

1970년대 뉴욕의 한 동네는 버려진 쓰레기 더미와 폐허가 된 건물로 가득했어요. 그러자 리즈 크리스티와 친구들은 버려진 땅을 새롭게 바꾸기 시작했죠. 그들은 밤마다 몰래 쓰레기장을 치우고, 꽃과 채소, 나무를 심었어요. 수년간의 노력 끝에 쓰레기장이었던 공간은 울창한 나무와 다양한 식물이 가득한 아름다운 정원으로 바뀌었어요. 이곳은 훗날 '리즈 크리스티 가든'이라는 이름이 붙여졌어요.

이렇듯 주인이 없거나 버려진 땅, 혹은 주인이 있어도 관리가 되지 않고 방치된 땅에 꽃과 작은 식물을 심어, 미니 정원을 만드는 활동을 '게릴라 가드닝'이라고 해요. 리즈 크리스티의 활동은 게릴라 가드닝의 시작점이 되었고, 이후 전 세계로 퍼져 나갔어요 "총 대신 꽃을 들고 싸운다."는 슬로건처럼, 게릴라 가드너들은 방치된 공간에 예고 없이 식물을 심어, 자신만의 투쟁을 이어 나가고 있죠.

리즈 크리스티 가든

• 세계 해바라기 게릴라 가드닝의 날

　리처드 레이놀즈는 자신의 집 주변에 버려진 자투리 땅과 가로수 아래 공간들이 늘 마음에 걸렸어요. 관리가 안 되어서 쓰레기가 쌓이거나 잡초만 무성한 곳이었거든요. 그는 밤에 몰래 꽃 씨앗과 모종을 심기 시작했어요. 자신이 살고 있는 런던이 좀 더 푸르고 아름다운 곳이 되기를 바라는 마음이었죠.

리처드 레이놀즈는 이 모든 활동을 자신의 블로그에 기록했고, 여러 언론사와 수많은 사람이 그의 글에 관심을 가졌어요. 리처드 레이놀즈의 활동은 세계적으로 게릴라 가드닝의 개념이 알려지는 계기가 되었어요.

이후 2007년, 매년 5월 1일을 '세계 해바라기 게릴라 가드닝의 날'로 정했어요. 이날이 되면 전 세계 가드너들은 해바라기 씨앗을 버려진 공터에 심으며 도시를 푸르게 만들고 있어요. 혹은 그 지역에서 잘 자라는 식물이나 주민들이 수확할 수 있는 채소 씨앗을 심기도 해요.

07

도시 숲을 상상하기

10년, 30년, 50년 뒤,

우리의 도시는 어떤 모습일까요?

하늘을 찌르는 회색 빌딩만 가득한 삭막한 도시일까요?

아니면 푸른 식물이 외벽을 감싸고,

하늘 위에 정원이 떠다니는 초록빛 도시일까요?

우리가 꿈꾸는 미래에 기술을 더한 도시숲,

지금부터 함께 상상해 봐요.

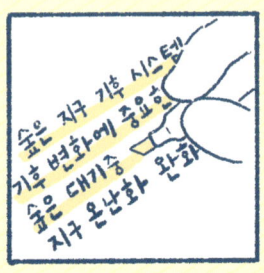

숲은 지구 기후 시스템...
기후 변화에 중요한...
숲은 대기중...
지구 온난화 완화...

누나.
똑똑
응?

나 미술 숙제 봐줄 수 있어?

그래. 가져와 봐.

미래 건물을 상상해서 그리는 건데…

오, 건물 전체가 숲이네!

미래에는 정말 가능할까?

어때?

엄청 멋져!

1. 숲을 평가하는 것의 의미

🌲🌲🌲 도시숲의 가치

건물들은 점점 높아지고, 날씨마저 예측하기 어려워지는 요즘, 편안하고 안전하게 쉴 수 있는 공간이 더욱 절실해졌어요. 도시숲은 이러한 환경 문제와 사회적 문제를 해결해 줄 수 있는 해결책으로 주목받고 있어요.

산림청 국립산림과학원은 도시숲이 제공하는 다양한 기능 중 열섬 완화 기능만 해도 연간 약 6,000억 원의 경제적 가치로 환산된다고 발표했어요. 이는 도시숲의 잠재력을 가늠하게 해 주는 수치죠. 그뿐만 아니라 도시숲은 미세먼지를 저감하고, 사람들의 정신 건강과 삶의 질을 향상시켜요. 앞으로는 멋진 건물을 짓는 것만큼이나,

도시를 푸르게 만드는 일이 중요해질 거예요.

기후 위기 시대의 해결책

기후 위기로 인한 홍수나 폭염 같은 극한 기후가 자주 발생하면서, 이에 따른 사회적, 경제적 손실이 매우 커지고 있어요. 한 연구에 따르면 이상 기후는 식품의 물가를 크게 올리고, 농업, 건설 등 우리 경제에 큰 손해를 끼치고 있다고 해요. 사회 전반에서 기후 위기를 대응하는 일이 아주 중요해진 거예요.

나라와 기업들은 탄소 중립을 실천하기 위한 계획을 세우며, 환경 기술인 '기후 테크'에 대한 투자를 늘리려 하고 있어요. 이러한 상황에서 도시숲이 중요한 해결책으로 떠오르고 있죠. 도시숲은 '자연 기반 해법(Nature-based Solutions)[13]'으로 인정받는 기술로서, 탄소 중립 목표 실현을 위한 자원으로 인식되고 있어요. 도시숲은 탄소를 빨아들이고, 도시의 뜨거운 열기를 식혀 대기질을 좋

---

13 생태계를 지속 가능하게 관리함으로써 기후 변화를 포함한 사회적 문제를 효과적으로 해결하는 방법.

게 만들며, 홍수를 막아 주는 등 여러 역할을 수행해요.
또한 주변 지역 상권에 활력을 불어넣어 경제 활성화에
기여하고, 도시민들에게 휴식 공간을 제공하죠.

이제 도시숲은 기후 변화에 대응하고 도시의 재정적
자산을 확보하는 데 없어서는 안 될 전략으로 주목받고
있어요.

🌲🌲🌲 숲의 가치는 어떻게 측정할까?

도시숲의 가치를 평가하는 대표적인 모델들이 있어
요. 바로 '아이트리 에코(i-Tree Eco)', 'CAVAT(Capital Asset
Value for Amenity Trees)', 그리고 '헬리웰 시스템(Helliwell
System)'이에요. 아이트리 에코는 환경적인 효과를 중심
으로 도시숲의 가치를 계산해요. CAVAT는 도시숲의 자
산적 가치를, 헬리웰 시스템은 숲의 아름다움과 생태적
인 가치를 위주로 평가해요. 이러한 평가 모델들은 도시
를 건강하게 발전시키고 환경 보호 정책을 세우는 데 중
요한 역할을 해요. 특히 아이트리 에코는 국제적으로 인
정받은 모델로, 다양한 데이터를 활용하여 전 세계 여러
지역에서 나무와 도시숲의 가치를 측정하는 데 널리 사

용되고 있어요.

뉴욕에서는 아이트리 에코 방법을 이용해, 1995년부터 10년에 한 번씩 시민들이 직접 가로수 수십만 그루를 조사하고 기록해 왔어요. 2005년에는 수많은 자원봉사자가 참여해, 뉴욕의 가로수가 대기질 개선, 도시 열섬 저감, 탄소 흡수, 유수[14] 유출 감소 등 연간 약 1억 달러 규모의 경제적 가치를 만들어 낸다고 추정했죠. 뉴욕시는 동네 가로수의 나이, 크기, 수종은 물론이고, 경제적 가치가 얼마나 되는지 확인할 수 있는 '뉴욕 가로수 지도(NYC Street Map)'를 제작해, 시민들에게 공개하고 있어요.

🌲🌲🌲 우리나라의 시민 참여 조사

우리나라에서도 비슷한 연구가 진행되고 있어요. 2023년부터 서울환경연합과 국립산림과학원은 서울시 가로수의 이산화탄소 흡수량과 경제적 가치를 시민 과학

---

14 비가 왔을 때 빗물이 땅으로 흡수되지 못하고 지표면을 따라 흘러나가는 현상.

자[15]들과 함께 조사했어요. 2023년에는 노원구, 신사동, 연세·성산로, 효자로 4개 지역을 조사했으며, 2024년에는 중구와 종로구 도심 가로수 600그루의 데이터를 수집했어요.

이를 가로수 분석 모델인 아이트리 에코로 분석한 결과, 도심 가로수 600그루의 대체 가치는 약 11.1억 원에 달하는 것으로 나타났어요. 또한, 대기 오염 제거, 탄소 흡수, 홍수 방지, 건물 에너지 소비량 감소 등을 통해 매년 창출되는 경제적 가치는 약 1,250만 원으로 계산되었죠.

이처럼 시민 과학자가 직접 참여하고 누구나 사용할 수 있는 오픈 소스 프로그램을 활용해서 나무의 경제적 가치를 평가할 수 있다면, 기업과 기관에서도 이를 ESG[16] 경영에 적극적으로 활용하여, 지속 가능한 미래를 만드는 데 큰 도움을 줄 것으로 기대해요.

---

15 전문적인 과학 훈련을 받지는 않았지만, 자발적으로 과학 연구에 참여하는 사람을 의미한다.

16 환경(Environmental), 사회(Social), 지배 구조(Governance)의 약자로, 기업이 지속 가능성을 달성하는 데 필요한 3가지 요소.

2. 도시숲은 충분할까?

🌲🌲 도시숲은 충분할까?

산림청의 발표에 따르면, 국민 한 사람이 이용할 수 있는 '생활권 도시숲' 면적은 2023년 말 전국 평균 14.07㎡를 기록했어요. 이는 2021년 말 11.48㎡였던 것에 비해 크게 증가한 수치예요. 하지만 이 숫자에 안심하기는 일러요. 이는 전체 면적을 인구수로 나눈 단순 평균치일 뿐, 우리 집 앞의 경사나 큰 도로 같은 실제 보행 환경은 반영되지 않았기 때문이에요. 수치상으로는 늘어났어도, 체감하는 숲은 여전히 멀 수 있다는 뜻이죠.

2023년에 발표된 국내 연구에 따르면, 도시의 인구 규모가 클수록 평균 녹지 면적이 감소하고, 보행 거리가 증가하는 경향이 나타났어요. 특히 서울과 같은 대도시는 공원 면적에 비해 이용자가 너무 많고, 경사가 높은 산악 지형에 해당하는 거주지가 많아 녹지 접근성이 떨어질 수 있어요. 이에 연구팀은 앞으로 공원과 산책로 같은 실제 이용 공간과 보행 환경까지 고려한, 지역별 녹지 확충 전략이 필요하다고 제안하고 있어요.

🌲🌲🌲 더 스마트하고 투명한 숲 관리를 향해

숲을 만드는 것만큼이나 숲을 관리하는 방식도 중요해요. 우리나라는 주로 산림청이나 지자체 담당 공무원이 정책을 결정하다 보니, 성과 중심으로 사업이 진행되거나 숲의 기능이 무시되는 일도 많아요. 가로수 기둥만 남기고 잔가지는 모두 잘라 버린다거나, 미세먼지 차단 숲처럼 특정한 기능을 위해 만든 곳에 엉뚱한 시설이 설치되는 등 다양한 문제가 제기되었죠.

이 문제를 해결하기 위해 2025년부터는 지방자치단체가 '연차별 가로수 계획'을 의무적으로 세우고 실행해야 해요. 이 계획은 지자체가 1년 단위로 가로수를 심고 관리하는 사업 내용을 미리 정해서 시민들에게 알리는 제도예요. 함부로 가지를 치는 것을 막고, 가로수를 더 체계적으로 관리하기 위한 정책이죠. 하지만 제도적 노력에도 불구하고, 실질적인 실행력 측면에서는 아직 미흡하다는 지적이 남아, 지속적인 관심이 필요한 상황이에요.

최근에는 도시숲의 관리를 주민과 함께하는 돌봄 시스템으로 전환하자는 의견도 나오고 있어요. 2025년 9월에는 서울환경연합이 시민들과 함께 '서울시 가로수 계획 모니터링'을 개최하기도 했어요. 가로수 관리 방식을 주민과 함께하는 돌봄으로 전환하자는 취지였죠. 지금 같은 전문가 주도의 관리 방식이 아닌, 주민들이 직접 참여하고, 가로수를 함께 돌보는 방식으로 나아가야 도시숲을 지킬 수 있다는 거예요.

🌲 도시숲을 '정치'하다

도시숲을 만들고 관리하는 것을 넘어, 도시숲에 권리를 준다면 어떨까요? 프랑스 과학 기술 학자 브뤼노 라투르는 인간뿐 아니라 강, 숲, 동물, 심지어 대기 같은 비인간 존재에게도 정치적인 목소리를 주어야 한다고 주장했어요. 이 개념이 바로 '사물의 의회(Parliament of Things)'예요.

도시숲이 우리처럼 권리를 가진다면, 함부로 훼손되지 않고 도시 계획에 참여해서 "여기는 더 많은 그늘이 필요해!"라고 직접 요구할 수 있게 되지 않을까요? 이러한 상상은 도시숲을 단순한 자원이 아닌, 우리와 함께 살아가는 개체로 인정하는 첫걸음이 될지도 몰라요.

🌲 도시숲을 키우는 착한 기업들

도시숲을 늘리기 위해서는 정부와 시민의 노력뿐 아니라 기업의 역할도 중요해요. 최근 기업들은 도시숲 안에 꿀벌을 위한 정원을 가꾸거나 멸종 위기 식물을 보호하는 등 생태적 가치를 높이는 활동에도 힘을 쏟고 있어요.

이러한 변화는 환경을 지키고 사회에 기여하는 착한 기업이어야 투자도 받고 성장할 수 있는 ESG 경영 시대가 되었기 때문이에요. 기업을 바라보는 기준이 달라지면서, 환경을 지키고 사회에 도움을 주는 것이 기업의 필수적인 사회적 책임이 된 거예요. 앞으로 더 많은 기업이 도시숲을 가꾸는 일에 동참한다면, 우리 도시는 지금보다 훨씬 살기 좋은 곳이 될 거예요.

3. 도시숲의 미래

 도시는 어떻게 바뀔까?

미래의 도시숲은 땅에 나무를 심는 데서 그치지 않을 거예요. 이미 세계 곳곳에서는 최첨단 기술과 멋진 건축 디자인이 결합된 혁신적인 미래형 숲이 등장하고 있어요. 벽면 전체가 숲으로 이뤄진 건축물부터, 강철 구조물에 수십만 종의 식물이 자라는 정원, 그리고 쓰지 않는 부지를 생명이 가득한 수직 정원으로 재탄생시킨 공간까지. 지금부터 첨단 기술과 디자인으로 새롭게 태어날 미래형 도시숲의 놀라운 모습을 알아봐요.

이탈리아 '보스코 베르티칼레(Bosco Verticale)'

이탈리아의 밀라노에는 거대한 두 그루의 나무 아파트가 있어요. 바로 보스코 베르티칼레예요. 이 건물들은 각각 80m와 112m가량의 높이를 자랑하며, 온통 푸른 나무와 식물들로 뒤덮여 있어요. 건축가 스테파노 보에리는 '식물이 에어컨처럼 공기를 맑게 해 주고, 온도도 조

보스코 베르티칼레

절하면 어떨까?'라는 아이디어를 떠올렸고, 거대한 수직 숲을 설계했어요.

이 건물에는 800그루 이상의 큰 나무와 약 5,000그루의 작은 나무, 그리고 15,000포기가 넘는 풀과 꽃들이 자라고 있어요. 이 식물들은 도시의 미세먼지와 이산화탄소를 흡수하고, 높은 단열 효과를 줌으로써 에너지를 절약해요. 또한 1,600종이 넘는 새와 곤충들의 보금자리가 되어 줘요. 그렇다면 건물 가장 높은 곳에 자리한 나무는 어떻게 관리할까요? 놀랍게도 '플라잉 가드너'라는 특별한 정원사들이 밧줄에 매달려 직접 나무를 돌본답니다.

보스코 베르티칼레는 도시와 자연이 공존하는 미래 건축의 모델로서, 전 세계 많은 도시에 새로운 영감을 주고 있어요.

싱가포르 '가든스 바이 더 베이(Gardens by the Bay)'

정원 속 도시에 온 것 같은 싱가포르의 상징, 가든스 바이 더 베이예요. 2012년에 문을 연 이곳은 자연, 기술, 예술이 합쳐진 미래형 정원으로 탄생했어요. 가장 눈에 띄는 것은 거대한 인공 나무인 '슈퍼트리'예요. 높이가

가든스 바이 더 베이

25~50m에 달하는 이 나무들은 단순한 조형물이 아니에요. 16만 개 이상의 식물이 자라는 수직 정원인 동시에, 태양광 전지판으로 스스로 에너지를 만들고, 빗물을 모아 정원에 공급하는 친환경 인프라 역할을 하고 있어요.

옆에는 거대한 유리 온실인 '플라워 돔'과 '클라우드 포레스트'가 있어요. 이곳에서는 싱가포르에서 보기 힘든 다양한 기후대의 식물들을 만날 수 있죠. 특수 유리와 스마트 냉방 시스템, 빗물 재활용 같은 기술 덕분에 뜨거운 싱가포르에서도 서늘한 환경을 유지한답니다.

스위스 'MFO 공원'

스위스 취리히에 있는 MFO 공원은 과거 거대한 기계 공장(MFO)이 있던 자리를 새롭게 탄생시킨 공원이에요. 이곳의 가장 큰 특징은 높이 17m에 달하는 거대한 철제 프레임 구조물이랍니다. 건물의 뼈대 같은 철망 구조물 전체에 덩굴식물을 심어, 수직 정원을 만들었어요.

공원을 뒤덮은 철제 프레임 안쪽은 한여름에도 시원한 그늘을 제공하는 야외 원형 극장이나 쉼터로 활용돼요. MFO 공원은 시민들을 위한 문화 공간이자, 기술과 역사가 결합한 멋진 미래형 도시숲이랍니다.

MFO 공원

더 알아보기

· 도시숲에 상상 더하기

데이터로 읽는 도시숲

나무 한 그루 한 그루에 달린 작은 센서가 숲의 상태를 살피는 모습을 한번 떠올려 보세요. 나무에 달린 센서들은 나무가 보내는 신호를 알아채, 즉시 우리에게 전달해 주죠. 이런 모습은 먼 미래의 이야기가 아니에요. 이미 서울시의 주요 공원에서는 사물 인터넷(IoT)[17], 인공 지능, 빅데이터 등 다양한 기술을 활용해 숲의 데이터를 모아서

---

[17] 'Internet of Things'의 약자로, 사물에 센서를 장착하여 정보를 관리할 수 있도록 인터넷으로 연결되어 있는 시스템.

분석하고 있거든요. 이 데이터를 활용하면, '어떤 나무에게 물을 줘야 하는지', '미세먼지가 특히 심한 곳은 어디이고, 그래서 그 지역에 나무를 더 심어야 하는지', '어떤 종류의 나무가 그 지역에 가장 잘 자라는지' 같은 정보도 알 수 있게 될 거예요.

빌딩 공간을 활용한 도시숲

땅이 부족한 도시에서 숲을 늘리는 효율적인 방법은 빌딩의 공간을 이용하는 거예요. 국토가 좁은 싱가포르는 이미 수직 농장인 '스카이 그린스(Sky Greens)'를 통해 좁은 공간에서 채소와 과일을 재배하며 식량 자급률을 높이고 있어요. 앞서 소개한 이탈리아 밀라노의 보스코 베르티칼레처럼 건물 외벽을 거대한 숲으로 만들어 도시의 열섬 현상을 막는 사례도 늘고 있어요.

모두에게 공평한 도시숲

해외에서는 도시숲의 확대 목표에 과학적으로 접근하고 있어요. 미국의 비영리단체는 '공원 지수(ParkScore)'를 발표하며 공원의 접근성, 면적, 투자, 형평성 등을 기준으로 도시의 공원 시스템을 평가하고, 이를 정책에 반영하고 있어요. 이러한 기술이 발달하면, 빅데이터와 인공 지능 분석을 통해 녹지가 부족한 지역을 정확하게 파악하고, 모든 시민이 공평하게 숲을 이용할 수 있는 시스템이 실현될지도 몰라요.

스마트폰으로 만나는 우리 동네 도시숲

여러분의 스마트폰에 '도시숲 친구' 앱이 있다고 상상해 봐요. 길을 걷다가 처음 보는 식물을 발견하면 사진을 찍어 이름과 특성, 그리고 건강 상태까지 한 번에 알아내는 거죠. 물론 지금도 이런 검색 앱이나 사진 인식 기술을 이용할 수 있지만, 기술이 발전할수록 그 정확도는 더 높아질 거예요.

하룻밤 사이에 도시의 모든 식물이 사라져 버린다면 어떨까요? 매일 걷던 가로수길, 아파트 화단의 들꽃, 담 벼락의 덩굴장미가 사라진 도시. 오직 회색 콘크리트와 검은 아스팔트만 남은 세상 말이에요. 상상만으로도 숨이 턱 막히지 않나요?

우리는 흔히 식물을 도시의 미관을 살려 주는 장식품 정도로 생각해요. 하지만 식물이 사라진다면 도시는 맘 놓고 숨을 몰아쉬기조차 힘든 가혹한 공간으로 변해 버릴 거예요. 당장 공기는 탁해지고, 한여름의 폭염을 피할 작은 그늘조차 찾을 수 없을 테니까요.

그렇다면 우리를 지켜 줄 도시숲은 어디에 있을까요? 꼭 거창한 산이나 국립공원을 찾아가야만 하는 건 아니에요. 등굣길 땀을 식혀 주는 플라타너스 한 그루, 친구와 앉아 쉬던 공원 벤치 아래 들꽃, 심지어 도로 한복판에서 매연을 견디는 작은 관목들까지…. 도시의 틈새를 비집고 우리와 함께 살아가는 모든 초록이 바로 '도시숲'이거든요.

생각해 보세요. 뙤약볕이 내리쬐는 여름날, 뜨거운 아스팔트를 벗어나 밟았던 잔디밭의 그 폭신하고 서늘한 감촉을요. 유난히 지치고 힘들었던 날, 공원 벤치에 가만히 앉아 쉴 때 느껴지던 나뭇잎의 다정한 그늘을 기억하나요? 이처럼 도시의 식물들은 아무 말도 하지 않지만, 때로는 백 마디 위로보다 더 깊게 우리의 마음을 어루만져 줘요.

도시숲은 잎사귀로 미세먼지를 거르고, 도시의 열기를 식히며, 회색빛 일상에 지친 우리에게 다시 일어설 힘을 줘요.

자, 이제 회색 빌딩 사이에서 우리를 묵묵히 지켜 주는 다정한 친구, 도시숲을 찾아 볼까요? 무심코 지나쳤던 나무 한 그루, 꽃 한 송이가 아주 특별한 보물처럼 보이기 시작할 기에요.

2025년 서리풀에서, 작가 손영혜

참고 문헌

도서

- 마르코 멘칼리, 마르코 니에리 지음, 박준식 옮김, 『치유하는 나무 위로하는 숲』(목수책방, 2020)
- 브뤼노 라투르 지음, 『우리는 결코 근대인이었던 적이 없다』(갈무리, 2009)
- 조슈아 데이비드, 로버트 해먼드 지음, 『하이 라인』(Farrar Straus Giroux, 2011)

보고서

- 국립산림과학원, 「숲길 따라 건강 한 걸음: 숲길 걷기의 건강 증진 효과」(2025)
- 대한민국 법제처, 「도시숲 등의 조성 및 관리에 관한 법률」

(2024년 개정)

- 산림청, 「국가 표준 식물 목록: 자생 식물」(2021)

- 산림청, 「전국 도시숲 현황 통계 결과」(2023)

- 서울환경연합, 「2024 시민 과학 리포트」(2024)

- 서울환경연합, 「2025년 서울시 가로수 계획 모니터링 결과 보고서」(2025)

- IPCC(기후 변화에 관한 정부 간 협의체), 「제6차 평가 보고서 종합 보고서」(2023)

논문

- 강건 외, 「도시숲과 가로수가 대기 흐름과 기온에 미치는 영향에 관한 수치 연구」, 『대한원격탐사학회지』, 제38권 제6-1호, p.1395-1406. (2022)

- 고찬우 외, 「국내 전국 시·군과 도시 인구 규모별 녹지 접근성 평가-보행 특성 기반의 네트워크 분석의 적용」, 『한국지적정보학회지』, 39(2), p.20-35. (2023)

- 이재영 외, 「선릉과 정릉 역사경관림의 i-TreeEco 기반 탄소중립 효과 분석」, 『한국전통조경학회지』, 제42권 제2호, p.47~55. (2024)

- 엄정희 외, 「가로수 식재 시나리오에 따른 기온 및 미세먼지 저감 효과 분석」, 『한국지리정보학회지』, 제26권 제2호, p.68~81. (2023)

- 정원석 외, 「이상 기후가 실물 경제에 미치는 영향」, 『경제학연구』, 제73권 제1호, p.92, 97. (2025)
- Bratman, G. N. (그레고리 브래트먼) 외, 「Nature experience reduces rumination and subgenual prefrontal cortex activation(자연 경험은 반추 사고와 하측 전전두엽 활성화를 감소시킨다)」, 『Proceedings of the National Academy of Sciences(미국국립과학원회보)』, 제112권 제28호, p.567-568. (2015)
- Li, Q. (리칭), 「Effect of forest bathing trips on human immune function(삼림욕 체험이 인간 면역 기능에 미치는 영향)」, 『Environmental Health and Preventive Medicine(환경 건강 및 예방 의학)』, p.11-17. (2010)

인터넷 페이지

- 공공 토지 신탁(Trust for Public Land, TPL), tpl.org
- 국가표준식물목록, nature.go.kr/kpni/index.do
- 국립생물자원관, species.nibr.go.kr
- 뉴욕 가로수 지도(NYC Street Map), tree-map.nycgovparks.org
- 더 하이 라인(The high line), thehighline.org
- 사물의 의회, samulparliament.com
- 산림청, forest.go.kr

- 센트럴 파크 보존 단체(Central Park Conservancy), central parknyc.org
- 아이트리, itreetools.org
- 정원도시서울, parks.seoul.go.kr

사진

- 서울연구데이터서비스(data.si.re.kr), 서울특별시(서울 2020 도시 형태와 경관)

   : 72p 서울숲 공원의 전경(2020)ⓒ서울특별시, 79p 매헌 시민의 숲(2020)ⓒ서울특별시

- 위키미디어 공용

   : 76p 하이 라인(2021)ⓒWill Pieperdy/CC BY−SA 4.0, 81p 샛강 생태 공원ⓒAspere, 82p 센트럴 파크(2010)ⓒEd Yourdon/CC BY−SA 2.0, 93p 서울로 7017(2017)ⓒ고영진/CC BY−SA 3.0, 109p 리즈 크리스티 가든ⓒedenpictures/ CC BY 2.0, 125p 보스코 베르티칼레(2019)ⓒDarsheni/CC BY−SA 3.0, 127p 가든스 바이 더 베이ⓒDietmar Rabich/CC BY−SA 4.0, 128p MFO 공원ⓒRoland zh/CC BY−SA 3.0

- 그 외

   : 24p 광릉숲의 모습ⓒ김광규 제공, 28p 유네스코 세계 기록

우리 곁의 도시숲

초판 1쇄 발행 | 2026년 1월 20일

글쓴이 | 손영혜   그린이 | 맹하나

펴낸이 | 조미현   책임편집 | 황정원   편집진행 | 박단비
마케팅 | 임혁   제작 | 이현
디자인 | 씨오디 Color of Dream

펴낸곳 | (주)현암사
등록일 | 1951년 12월 24일 · 제10-126호
주소 | 04029 서울시 마포구 동교로12안길 35
전화 | 02-365-5051 · 팩스 | 02-313-2729
전자우편 | child@hyeonamsa.com
홈페이지 | www.hyeonamsa.com
블로그 | blog.naver.com/hyeonamsa
인스타그램 | instagram.com/hyeonam_junior

ⓒ 손영혜, 맹하나 2026
ISBN 978-89-323-7666-0 43530